数Ⅲ704 新編数学Ⅲ〈

スパイラル
数学Ⅲ

本書は，実教出版発行の教科書「新編数学Ⅲ」の内容に完全準拠した問題集です。教科書と本書を一緒に勉強することで，教科書の内容を着実に理解し，学習効果が高められるよう編修してあります。

教科書の例・例題・応用例題・章末問題・思考力 PLUS に対応する問題には，教科書の該当ページが示してあります。教科書を参考にしながら，本書の問題をくり返し解くことによって，教科書の「基礎・基本の確実な定着」を図ることができます。

本書の構成

まとめと要項—— 項目ごとに，重要事項や要点をまとめました。

SPIRAL A— 基礎的な問題です。教科書の例・例題に対応した問題です。

SPIRAL B— やや発展的な問題です。主に教科書の応用例題に対応した問題です。

SPIRAL C— 教科書の思考力 PLUS や章末問題に対応した問題の他に，教科書にない問題も扱っています。

＊マーク———— ＊印の問題だけを解いていけば，基本的な問題が一通り学習できるように配慮しました。

解答———— 巻末に，答の数値と図などをのせました。

別冊解答集—— それぞれの問題について，詳しく解答をのせました。

実教出版

学習の進め方

SPIRAL A

教科書の例・例題レベルで構成されています。反復的に学習することで理解を確かなものにしていきましょう。

19 次の関数の逆関数を求めよ。 ▶教p.13例5

*(1) $y=\frac{1}{2}x+4$ (2) $y=\frac{2}{x+1}$

SPIRAL B

教科書の応用例題のレベルの問題と，やや難易度の高い応用問題で構成されています。

SPIRAL A の練習を終えたあと，思考力を高めたい場合に取り組んでください。

75 次の極限値を求めよ。 ▶教p.53応用例題4

*(1) $\lim_{x\to 0}\frac{\tan x+\sin 3x}{2x}$ (2) $\lim_{x\to 0}\frac{1-\cos 3x}{x^2}$

*(3) $\lim_{x\to 0}\frac{1-\cos 2x}{x\sin 2x}$ (4) $\lim_{x\to 0}\frac{x\sin 2x}{1-\cos x}$

SPIRAL C

教科書の思考力 PLUS や章末問題レベルを含む，入試レベルの問題で構成されています。

「例題」に取り組んで思考力のポイントを理解してから，類題を解いていきましょう。

例題 13 e の定義を利用した極限

$\lim_{t\to 0}(1+t)^{\frac{1}{t}}=e$ を用いて，次の極限値を求めよ。 ▶教p.91章末6

(1) $\lim_{t\to 0}(1+3t)^{\frac{1}{t}}$ (2) $\lim_{n\to\infty}\left(1+\frac{2}{n}\right)^n$

解 (1) $h=3t$ とおくと，$t\to 0$ のとき $h\to 0$ より

$$\lim_{t\to 0}(1+3t)^{\frac{1}{t}}=\lim_{h\to 0}(1+h)^{\frac{3}{h}}$$
$$=\lim_{h\to 0}\{(1+h)^{\frac{1}{h}}\}^3=e^3 \quad \text{答}$$

(2) $h=\frac{2}{n}$ とおくと，$n\to\infty$ のとき $h\to +0$ より

$$\lim_{n\to\infty}\left(1+\frac{2}{n}\right)^n=\lim_{h\to +0}(1+h)^{\frac{2}{h}}$$
$$=\lim_{h\to +0}\{(1+h)^{\frac{1}{h}}\}^2=e^2 \quad \text{答}$$

116 $\lim_{t\to 0}(1+t)^{\frac{1}{t}}=e$ を用いて，次の極限値を求めよ。

*(1) $\lim_{t\to 0}(1-2t)^{\frac{1}{t}}$ (2) $\lim_{n\to\infty}\left(1+\frac{1}{2n}\right)^{n+1}$

例 5

関数 $y=\dfrac{2}{x-1}$ の逆関数を求めてみよう。

$y=\dfrac{2}{x-1}$ を変形すると

$y(x-1)=2$ より　　$yx=2+y$　　……①

$y=0$ は①を満たさないから，$y \neq 0$ より　　$x=\dfrac{2}{y}+1$

x と y を入れかえて，求める逆関数は

$$y=\frac{2}{x}+1$$

新編数学Ⅲ　p.13

応用例題 4　　三角関数を含む関数の極限【2】

極限値 $\displaystyle\lim_{x\to 0}\frac{1-\cos x}{x^2}$ を求めよ。

考え方

分母と分子に $1+\cos x$ を掛けて，$\dfrac{\sin x}{x}$ の形をつくる。

解

$$\frac{1-\cos x}{x^2}=\frac{(1-\cos x)(1+\cos x)}{x^2(1+\cos x)}=\frac{1-\cos^2 x}{x^2(1+\cos x)}$$

$$=\frac{\sin^2 x}{x^2(1+\cos x)}=\left(\frac{\sin x}{x}\right)^2\times\frac{1}{1+\cos x}$$

よって　$\displaystyle\lim_{x\to 0}\frac{1-\cos x}{x^2}=\lim_{x\to 0}\left\{\left(\frac{\sin x}{x}\right)^2\times\frac{1}{1+\cos x}\right\}$

$$=1^2\times\frac{1}{1+1}=\boldsymbol{\frac{1}{2}}$$

新編数学Ⅲ　p.53

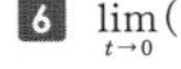

6　$\displaystyle\lim_{t\to 0}(1+t)^{\frac{1}{t}}=e$ を用いて，次の極限値を求めよ。

(1)　$\displaystyle\lim_{t\to 0}(1+2t)^{\frac{1}{t}}$　　　(2)　$\displaystyle\lim_{t\to 0}(1-t)^{\frac{1}{t}}$

(3)　$\displaystyle\lim_{t\to 0}\frac{\log(1+t)}{t}$　　　(4)　$\displaystyle\lim_{n\to\infty}\left(1+\frac{3}{n}\right)^n$

新編数学Ⅲ　p.91　　章末問題

目次

数学 Ⅲ

問題数　SPIRAL A：122 (402)
SPIRAL B：103 (246)
SPIRAL C：37 (57)

合計問題数　262 (705)

注：(　) 内の数字は，各問題の小分けされた問題数

数学 Ⅲ

3章 微分法の応用

4章 積分法

1節　関数

1　分数関数

▶教p.4～p.7

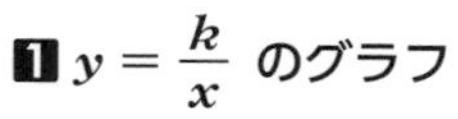

原点に関して対称で，
x 軸と y 軸を**漸近線**
とする**直角双曲線**。
定義域は $x \neq 0$，値域は $y \neq 0$

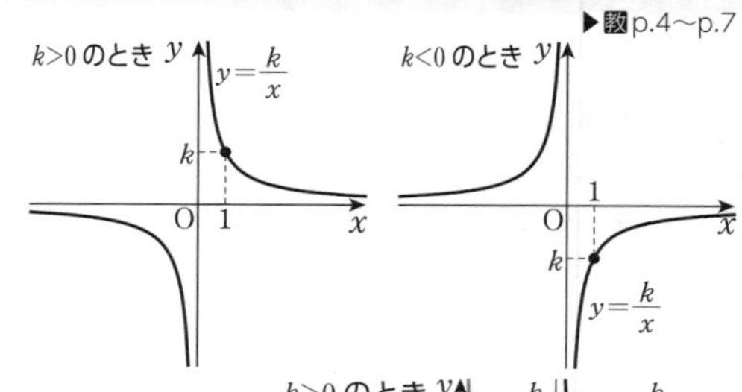

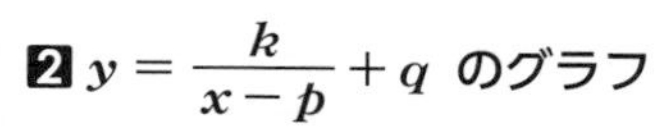

$y=\dfrac{k}{x}$ のグラフを**x 軸方向に p，y 軸方向に q**
だけ平行移動した直角双曲線。
漸近線は 2 直線　$x=p$，$y=q$
定義域は $x \neq p$，値域は $y \neq q$

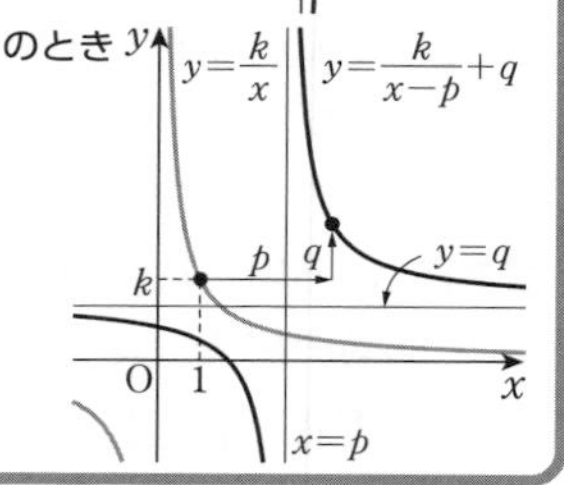

SPIRAL A

1　次の関数のグラフをかけ。また，その定義域と値域を求めよ。 ▶教p.4 練習1

*(1)　$y=\dfrac{3}{x}$　　(2)　$y=-\dfrac{4}{x}$

2　次の関数のグラフをかけ。また，その定義域と値域を求めよ。 ▶教p.5 例1

(1)　$y=\dfrac{1}{x-3}+2$　　*(2)　$y=\dfrac{3}{x+1}-3$

*(3)　$y=-\dfrac{6}{x-2}-3$　　(4)　$y=-\dfrac{2}{x}-4$

3　次の関数を $y=\dfrac{k}{x-p}+q$ の形に変形せよ。 ▶教p.6 例2

*(1)　$y=\dfrac{3x+4}{x+2}$　　(2)　$y=\dfrac{2x+1}{x-3}$　　*(3)　$y=\dfrac{-3x+2}{x+2}$

4　次の関数のグラフをかけ。また，その定義域と値域を求めよ。 ▶教p.6 例題1

(1)　$y=\dfrac{3x-1}{x-2}$　　*(2)　$y=\dfrac{2x}{x-3}$　　*(3)　$y=-\dfrac{x-3}{x+1}$

SPIRAL B

5　次の関数のグラフをかけ。また，値域を求めよ。　▶教p.5例1，p.6例題1

(1)　$y=\dfrac{4}{x+2}\quad(-1<x<2)$　　*(2)　$y=\dfrac{2x-1}{x-2}\quad(3\leqq x\leqq 5)$

***6**　関数 $y=\dfrac{2}{x-3}$ について，次の問いに答えよ。　▶教p.7応用例題1

(1)　この関数のグラフと直線 $y=x-2$ の共有点の座標を求めよ。

(2)　グラフを利用して，不等式 $\dfrac{2}{x-3}>x-2$ を解け。

***7**　関数 $y=\dfrac{x-1}{x+2}$ について，次の問いに答えよ。　▶教p.7応用例題1

(1)　この関数のグラフと直線 $y=-x-3$ の共有点の座標を求めよ。

(2)　グラフを利用して，不等式 $\dfrac{x-1}{x+2}\leqq -x-3$ を解け。

SPIRAL C

分数関数のグラフの平行移動

例題 1　関数 $y=\dfrac{2x-2}{x-2}$ のグラフをどのように平行移動すれば，関数

$y=\dfrac{x+5}{x+3}$ のグラフに重なるか。

解

$$y=\frac{2x-2}{x-2}=\frac{2(x-2)+2}{x-2}=\frac{2}{x-2}+2\quad\cdots\cdots①$$

$$y=\frac{x+5}{x+3}=\frac{(x+3)+2}{x+3}=\frac{2}{x+3}+1\quad\cdots\cdots②$$

より，①，②ともに関数 $y=\dfrac{2}{x}$ のグラフを次のように平行移動したグラフである。

①のグラフは　x 軸方向に 2，y 軸方向に 2

②のグラフは　x 軸方向に -3，y 軸方向に 1

したがって，$y=\dfrac{2x-2}{x-2}$ のグラフを

x 軸方向に $-3-2=-5$，y 軸方向に $1-2=-1$

だけ平行移動すれば，$y=\dfrac{x+5}{x+3}$ のグラフに重なる。 答

8　関数 $y=\dfrac{-x+2}{x+2}$ のグラフをどのように平行移動すれば，関数

$y=\dfrac{x+1}{x-3}$ のグラフに重なるか。

2　無理関数

1 $y=\sqrt{ax}$ のグラフ

▶教p.8〜p.11

　右の図のようなグラフになる。

　$a>0$ のとき，定義域は　$x \geqq 0$

　$a<0$ のとき，定義域は　$x \leqq 0$

　なお，いずれの場合も値域は $y \geqq 0$ である。

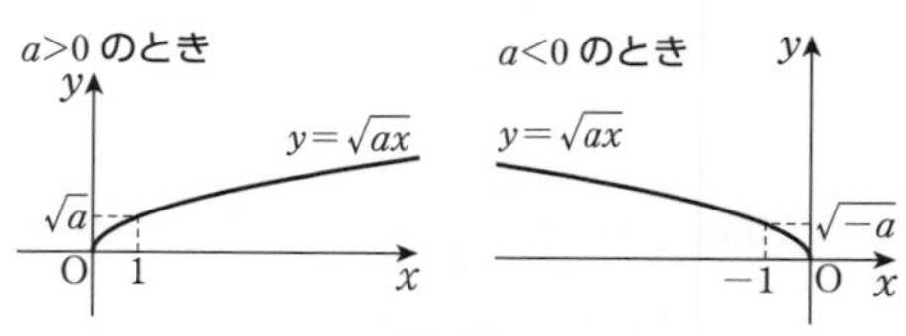

2 $y=\sqrt{a(x-p)}$ のグラフ

　$y=\sqrt{ax}$ のグラフを

x 軸方向に p だけ平行移動した曲線である。

　$a>0$ のとき，定義域は　$x \geqq p$

　$a<0$ のとき，定義域は　$x \leqq p$

　なお，いずれの場合も値域は $y \geqq 0$ である。

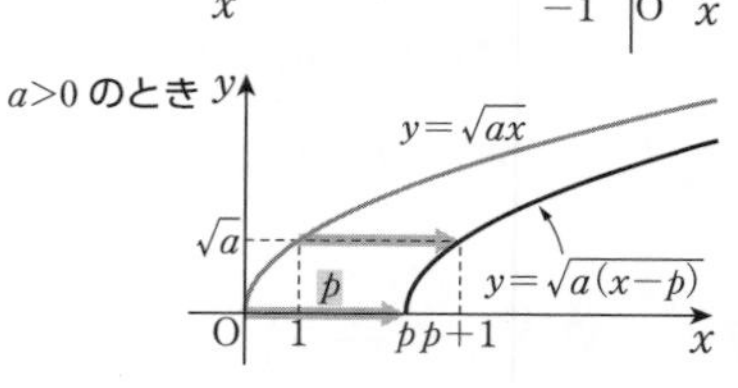

SPIRAL A

9　次の関数のグラフをかけ。また，その定義域と値域を求めよ。▶教p.9例3

*(1)　$y=\sqrt{5x}$　　(2)　$y=\sqrt{-5x}$

(3)　$y=-\sqrt{5x}$　　*(4)　$y=-\sqrt{-5x}$

10　次の関数のグラフをかけ。また，その定義域と値域を求めよ。▶教p.10例題2

*(1)　$y=\sqrt{x-3}$　　(2)　$y=\sqrt{3x+6}$

*(3)　$y=\sqrt{-2x+4}$　　(4)　$y=-\sqrt{-3x-12}$

SPIRAL B

11　2つの関数 $y=\sqrt{3-x}$ ……①，$y=\sqrt{3-x}+2$ ……② について，次の問いに答えよ。▶教p.10

(1)　①のグラフをかけ。

(2)　②のグラフは①のグラフを y 軸方向に 2 だけ平行移動したものであることを用いて，②のグラフをかけ。

(3)　関数①，②の定義域と値域を求めよ。

***12**　次の関数のグラフをかけ。また，その値域を求めよ。▶教p.10

(1)　$y=\sqrt{x+6}$　$(0 \leqq x \leqq 3)$

(2)　$y=\sqrt{6-2x}$　$(-5 \leqq x \leqq 1)$

13　次の2つの関数のグラフの共有点の座標を求めよ。 ▶教p.11応用例題2

*(1)　$y=\sqrt{x-1}$，$y=x-1$

(2)　$y=\sqrt{2-2x}$，$y=x+3$

14　グラフを利用して，次の方程式を解け。 ▶教p.11応用例題2

*(1)　$\sqrt{3x+6}=2x+1$　　(2)　$\sqrt{6-2x}=-x-1$

***15**　関数 $y=\sqrt{x+1}$ について，次の問いに答えよ。 ▶教p.11応用例題2

(1)　この関数のグラフと直線 $y=x-1$ の共有点の座標を求めよ。

(2)　グラフを利用して，不等式 $\sqrt{x+1}\geqq x-1$ を解け。

16　グラフを利用して，次の不等式を解け。 ▶教p.11応用例題2

(1)　$\sqrt{-x+3}>\dfrac{1}{2}x$　　(2)　$\sqrt{2x-4}\leqq 6-x$

SPIRAL C

例題 2　　無理関数の定義域の決定

関数 $y=\sqrt{x+2}$　$(-1\leqq x\leqq a)$ の値域が $1\leqq y\leqq 3$ となるように，定数 a の値を定めよ。

解　関数 $y=\sqrt{x+2}$ のグラフは，右の図のようになるから，$x=a$ のとき，最大値 $y=3$ をとる。

ゆえに　$\sqrt{a+2}=3$

両辺を2乗して　$a+2=9$

よって　$\boldsymbol{a=7}$　答

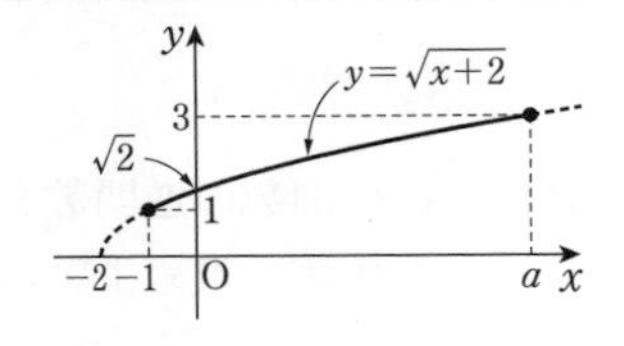

17　関数 $y=\sqrt{2x+2}$　$(1\leqq x\leqq a)$ の値域が $2\leqq y\leqq 4$ となるように，定数 a の値を定めよ。

18　関数 $y=\sqrt{9-3x}$　$(a\leqq x\leqq 0)$ の値域が $3\leqq y\leqq 6$ となるように，定数 a の値を定めよ。

3 逆関数と合成関数

▶教p.12〜p.17

1 1対1の関数

関数 $y=f(x)$ において，定義域内の任意の x_1，x_2 について

$$x_1 \neq x_2 \implies f(x_1) \neq f(x_2)$$

が成り立つとき，関数 $f(x)$ は**1対1の関数**であるという。

2 逆関数

1対1の関数 $y=f(x)$ を x について解き，x と y を入れかえて得られる関数 $y=g(x)$ を $y=f(x)$ の**逆関数**といい，$\boldsymbol{y=f^{-1}(x)}$ と表す。

3 逆関数の性質

$$\boldsymbol{b=f(a) \iff a=f^{-1}(b)}$$

が成り立つことから，関数 $y=f(x)$ のグラフとその逆関数 $y=f^{-1}(x)$ のグラフは，
直線 $\boldsymbol{y=x}$ に関して対称である。
また，もとの関数と逆関数では，定義域と値域が入れかわる。

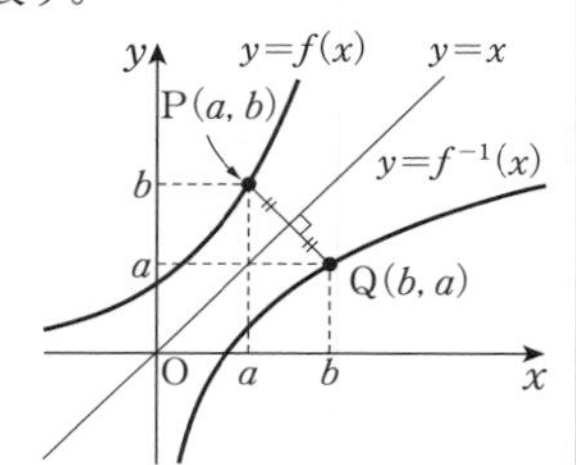

4 合成関数

2つの関数 $f(x)$ と $g(x)$ について，$g(f(x))$ を $f(x)$ と $g(x)$ の**合成関数**といい，$\boldsymbol{(g\circ f)(x)}$ で表す。すなわち

$$\boldsymbol{(g\circ f)(x)=g(f(x))}$$

SPIRAL A

19 次の関数の逆関数を求めよ。 ▶教p.13例5

*(1) $y=\dfrac{1}{2}x+4$　　(2) $y=\dfrac{2}{x+1}$

20 次の関数の逆関数を求め，そのグラフをかけ。 ▶教p.14例6

*(1) $y=3^x$　　(2) $y=\log_{\frac{1}{2}}x$　　(3) $y=\dfrac{3}{x-2}$

21 次の関数の逆関数を求め，そのグラフをかけ。また，その逆関数の定義域と値域を求めよ。 ▶教p.15例題3

*(1) $y=2x^2-2 \quad (x \geqq 0)$　　(2) $y=x-5 \quad (0 \leqq x \leqq 5)$

*(3) $y=-\dfrac{1}{x-3} \quad (x \geqq 4)$　　(4) $y=\sqrt{x-2}$

22 次の2つの関数 $f(x)$，$g(x)$ について，合成関数 $(g\circ f)(x)$，$(f\circ g)(x)$ をそれぞれ求めよ。 ▶教p.16例7

(1) $\begin{cases} f(x)=-2x+3 \\ g(x)=x^2-2 \end{cases}$　　*(2) $\begin{cases} f(x)=x+3 \\ g(x)=\left(\dfrac{1}{2}\right)^x \end{cases}$

SPIRAL B

23　関数 $f(x)=\dfrac{2}{x+3}$ について，次の問いに答えよ。

(1)　$f^{-1}(x)$ を求めよ。

(2)　$f^{-1}(x)$ の逆関数は $\dfrac{2}{x+3}$ であることを示せ。

24　関数 $f(x)=x-2$, $g(x)=x^2$, $h(x)=\sin x$ について，次の合成関数を求め，その値域を求めよ。　▶教p.16例7

*(1)　$(g\circ f)(x)$　　(2)　$(h\circ g)(x)$　　*(3)　$(f\circ h)(x)$

***25**　関数 $f(x)=\dfrac{1}{x-2}$ について，$(f\circ f)(x)$ を求めよ。　▶教p.16例7

SPIRAL C

逆関数と関数の決定

例題3　$f(-1)=5$, $f^{-1}(-5)=4$ である1次関数 $f(x)$ を求めよ。

解　$f(x)$ は1次関数であるから $f(x)=ax+b$ とおくと，$f(-1)=5$ より

$-a+b=5$ ……①

$f^{-1}(-5)=4$ より $f(4)=-5$ であるから

$4a+b=-5$ ……②

①と②より

$a=-2$, $b=3$

よって，求める1次関数は

$\boldsymbol{f(x)=-2x+3}$　答

26　$f(2)=2$, $f^{-1}(5)=-1$ である1次関数 $f(x)$ を求めよ。

27　関数 $f(x)=\dfrac{x+c}{ax+b}$ について，次の条件が成り立つとき，定数 a, b, c の値を求めよ。

$f(1)=4$, $f^{-1}(-3)=0$, $f^{-1}(x)=f(x)$

2節　数列の極限

1 数列の極限

▶教p.18〜p.25

1 数列 $\{a_n\}$ の極限

収束　$\lim_{n\to\infty} a_n = \alpha$　（極限値 α）

発散
- $\lim_{n\to\infty} a_n = \infty$　（正の無限大に発散）
- $\lim_{n\to\infty} a_n = -\infty$　（負の無限大に発散）
- 振動する　（極限はない）

2 数列の極限の性質

数列 $\{a_n\}$，$\{b_n\}$ が収束して，$\lim_{n\to\infty} a_n = \alpha$，$\lim_{n\to\infty} b_n = \beta$ のとき

[1]　$\lim_{n\to\infty} ka_n = k\alpha$　（ただし，k は定数）

[2]　$\lim_{n\to\infty}(a_n + b_n) = \alpha + \beta$，　$\lim_{n\to\infty}(a_n - b_n) = \alpha - \beta$

[3]　$\lim_{n\to\infty} a_nb_n = \alpha\beta$

[4]　$\lim_{n\to\infty} \dfrac{a_n}{b_n} = \dfrac{\alpha}{\beta}$　（ただし，$\beta \neq 0$）

3 発散する極限の性質

数列 $\{a_n\}$，$\{b_n\}$ について，$\lim_{n\to\infty} a_n = \infty$，$\lim_{n\to\infty} b_n = \infty$ のとき

$\lim_{n\to\infty}(a_n + b_n) = \infty$，　$\lim_{n\to\infty} a_nb_n = \infty$

また，$\lim_{n\to\infty} a_n = \infty$，$\lim_{n\to\infty} b_n = \beta$ のとき

$\beta > 0$ ならば　$\lim_{n\to\infty} a_nb_n = \infty$

$\beta < 0$ ならば　$\lim_{n\to\infty} a_nb_n = -\infty$

4 極限の大小関係

数列 $\{a_n\}$，$\{b_n\}$ が収束して，$\lim_{n\to\infty} a_n = \alpha$，$\lim_{n\to\infty} b_n = \beta$ のとき

[1]　すべての n について　$a_n \leqq b_n$　ならば　$\alpha \leqq \beta$

[2]　すべての n について　$a_n \leqq c_n \leqq b_n$　で，かつ　$\alpha = \beta$　ならば　$\lim_{n\to\infty} c_n = \alpha$

また，数列 $\{a_n\}$ が $\lim_{n\to\infty} a_n = \infty$ のとき，

すべての n について　$a_n \leqq b_n$　ならば　$\lim_{n\to\infty} b_n = \infty$　（はさみうちの原理）

SPIRAL A

28　次の数列の極限値を求めよ。　▶教p.19例2

*(1)　$2-1,\ 2-\dfrac{1}{2},\ 2-\dfrac{1}{3},\ \cdots\cdots,\ 2-\dfrac{1}{n},\ \cdots\cdots$

(2)　$4,\ 1,\ \dfrac{4}{9},\ \cdots\cdots,\ \dfrac{4}{n^2},\ \cdots\cdots$

(3)　$4,\ \dfrac{11}{4},\ \dfrac{7}{3},\ \cdots\cdots,\ \dfrac{3n+5}{2n},\ \cdots\cdots$

29　第 n 項が次の式で与えられる数列について，その極限を調べよ。
▶教p.21 例3

*(1)　$-2n+1$　　(2)　n^2+3　　*(3)　$\dfrac{3n+1}{n}$　　(4)　$\sqrt{n}$

*(5)　$(-4)^n$　　(6)　$(-n)^3$　　*(7)　$\sin n\pi$　　(8)　$\cos n\pi$

30　$\lim\limits_{n\to\infty} a_n = 2$，$\lim\limits_{n\to\infty} b_n = -3$ のとき，次の極限値を求めよ。
▶教p.22 例4

*(1)　$\lim\limits_{n\to\infty}(3a_n+b_n)$　　(2)　$\lim\limits_{n\to\infty}(-2b_n+5)$

*(3)　$\lim\limits_{n\to\infty}\left(\dfrac{2}{3}+\dfrac{a_n}{b_n}\right)$　　(4)　$\lim\limits_{n\to\infty}\dfrac{2a_n-b_n}{a_n+b_n}$

31　次の極限値を求めよ。
▶教p.23 例5

*(1)　$\lim\limits_{n\to\infty}\dfrac{2n+1}{3n-1}$　　(2)　$\lim\limits_{n\to\infty}\dfrac{3n^2+4n}{-n^2}$

(3)　$\lim\limits_{n\to\infty}\dfrac{4n^2-5n+1}{-2n^2+3n}$　　*(4)　$\lim\limits_{n\to\infty}\dfrac{3n^2-5n}{n^3-2n^2+1}$

32　次の極限を求めよ。
▶教p.23 例6

*(1)　$\lim\limits_{n\to\infty}(n^3-n)$　　(2)　$\lim\limits_{n\to\infty}(3n^2-n^4)$

(3)　$\lim\limits_{n\to\infty}(n^3-2n^2-3n)$　　*(4)　$\lim\limits_{n\to\infty}\dfrac{3n^4-2n^3+n^2-4n+1}{4n^3+n+2}$

33　次の極限値を求めよ。
▶教p.24 例題1

*(1)　$\lim\limits_{n\to\infty}(\sqrt{n+2}-\sqrt{n})$　　(2)　$\lim\limits_{n\to\infty}(\sqrt{2n+3}-\sqrt{2n})$

(3)　$\lim\limits_{n\to\infty}(\sqrt{n^2+3n}-n)$　　*(4)　$\lim\limits_{n\to\infty}\dfrac{2}{\sqrt{n^2-3n}-n}$

SPIRAL B

34　次の極限を求めよ。
▶教p.24 例題1

(1)　$\lim\limits_{n\to\infty}(\sqrt{n+1}-\sqrt{2n})$　　*(2)　$\lim\limits_{n\to\infty}(\sqrt{3n-2}-\sqrt{2n+1})$

(3)　$\lim\limits_{n\to\infty}\sqrt{n}(\sqrt{n-2}-\sqrt{n+1})$　　(4)　$\lim\limits_{n\to\infty}\dfrac{\sqrt{n^2-2n}-n}{3n}$

*(5)　$\lim\limits_{n\to\infty}\dfrac{2n}{\sqrt{n^2+3}-\sqrt{n}}$　　*(6)　$\lim\limits_{n\to\infty}\dfrac{\sqrt{n+5}-\sqrt{n+4}}{\sqrt{n+1}-\sqrt{n-3}}$

35 次の極限値を求めよ。ただし，θ は定数とする。 ▶教p.25応用例題1

*(1) $\displaystyle\lim_{n\to\infty}\frac{(-1)^{n+1}}{n}$　(2) $\displaystyle\lim_{n\to\infty}\frac{1}{n}\sin\frac{n\pi}{2}$

*(3) $\displaystyle\lim_{n\to\infty}\frac{1}{n+1}\cos^2 n\theta$　(4) $\displaystyle\lim_{n\to\infty}\frac{1}{n^2}\sin^2 n\theta$

SPIRAL C

例題 4 いろいろな数列の極限

極限値 $\displaystyle\lim_{n\to\infty}\frac{1^2+2^2+3^2+\cdots\cdots+n^2}{1\cdot2+2\cdot3+3\cdot4+\cdots\cdots+n(n+1)}$ を求めよ。

解

$$1^2+2^2+3^2+\cdots\cdots+n^2=\frac{1}{6}n(n+1)(2n+1)$$

また

$$\begin{aligned}1\cdot2+2\cdot3+3\cdot4+\cdots\cdots+n(n+1)&=\sum_{k=1}^{n}k(k+1)\\&=\sum_{k=1}^{n}k^2+\sum_{k=1}^{n}k\\&=\frac{1}{6}n(n+1)(2n+1)+\frac{1}{2}n(n+1)\\&=\frac{1}{6}n(n+1)\{(2n+1)+3\}\\&=\frac{1}{3}n(n+1)(n+2)\end{aligned}$$

であるから

$$\begin{aligned}\lim_{n\to\infty}\frac{1^2+2^2+3^2+\cdots\cdots+n^2}{1\cdot2+2\cdot3+3\cdot4+\cdots\cdots+n(n+1)}&=\lim_{n\to\infty}\frac{\frac{1}{6}n(n+1)(2n+1)}{\frac{1}{3}n(n+1)(n+2)}\\&=\lim_{n\to\infty}\frac{2n+1}{2(n+2)}\\&=\lim_{n\to\infty}\frac{2+\frac{1}{n}}{2+\frac{4}{n}}\\&=1\end{aligned}$$

答

36 次の極限値を求めよ。

(1) $\displaystyle\lim_{n\to\infty}\frac{2+4+6+\cdots\cdots+2n}{1+3+5+\cdots\cdots+(2n-1)}$　(2) $\displaystyle\lim_{n\to\infty}\frac{1^2+2^2+3^2+\cdots\cdots+n^2}{(1+2+3+\cdots\cdots+n)^2}$

2 無限等比数列

▶教 p.26〜p.29

1 無限等比数列 $\{r^n\}$ の極限

[1] $r>1$ のとき　$\lim_{n\to\infty} r^n=\infty$

[2] $r=1$ のとき　$\lim_{n\to\infty} r^n=1$

[3] $|r|<1$ のとき　$\lim_{n\to\infty} r^n=0$

（[2]・[3] 収束する）

[4] $r\leqq -1$ のとき　振動する（極限はない）

2 無限等比数列 $\{r^n\}$ が収束する条件

$-1<r\leqq 1$

SPIRAL A

37 第 n 項が次の式で表される無限等比数列の極限を調べよ。 ▶教 p.27 例7

*(1) $\left(\frac{1}{3}\right)^n$　(2) $\left(\frac{5}{3}\right)^n$　(3) $\left(-\frac{1}{4}\right)^n$　*(4) $\left(-\frac{4}{\pi}\right)^n$

38 次の極限を求めよ。 ▶教 p.28 例8

(1) $\lim_{n\to\infty}\frac{4^{n+1}}{4^n-3^n}$　(2) $\lim_{n\to\infty}\frac{6^n}{2^{n+1}+3^{n-1}}$　*(3) $\lim_{n\to\infty}\frac{3^{n+1}+5^{n-1}}{3^n-5^n}$

(4) $\lim_{n\to\infty}\frac{3^{2n-1}}{3^{2n}+(-5)^n}$　*(5) $\lim_{n\to\infty}\frac{(-2)^{2n+3}-(-3)^{n-1}}{(-2)^{2n}+(-3)^n}$

SPIRAL B

39 第 n 項が次の式で表される無限等比数列の極限を調べよ。 ▶教 p.27 例7

*(1) $(\sqrt{2}-1)^n$　(2) $(\sqrt{5}-3)^n$　*(3) $\left(\frac{1}{1-\sqrt{3}}\right)^n$

40 次の極限を求めよ。 ▶教 p.28 例8

(1) $\lim_{n\to\infty}(3^n-2^n)$　(2) $\lim_{n\to\infty}\{(-3)^n-2^{2n}\}$　(3) $\lim_{n\to\infty}\{3^{2n+1}-(-8)^n\}$

41 数列 $\left\{\frac{1}{r^n+2}\right\}$ の極限を，次の各場合について求めよ。 ▶教 p.28 応用例題2

(1) $|r|<1$　(2) $r=1$　(3) $|r|>1$

ヒント　**40** (1) 3^n でくくる。　(2) $2^{2n}=(2^2)^n=4^n$ として 4^n でくくる。

42　次の数列の極限を求めよ。 ▶教p.28応用例題2

(1)　$r \neq \pm 1$ のとき　$\left\{\dfrac{r^n+1}{r^n-1}\right\}$　　(2)　$\left\{\dfrac{r^{2n-1}}{r^{2n}+1}\right\}$

43　次の式で定められる数列 $\{a_n\}$ の一般項を求め，その極限値を求めよ。 ▶教p.29応用例題3

*(1)　$a_1=1,\ a_{n+1}=\dfrac{1}{3}a_n+6\quad(n=1,\ 2,\ 3,\ \cdots\cdots)$

(2)　$a_1=1,\ a_{n+1}=\dfrac{3}{4}a_n+1\quad(n=1,\ 2,\ 3,\ \cdots\cdots)$

*(3)　$a_1=0,\ a_{n+1}=-\dfrac{1}{2}a_n+3\quad(n=1,\ 2,\ 3,\ \cdots\cdots)$

SPIRAL C

無限等比数列の収束条件

例題 5　第 n 項が $\left(\dfrac{2x-1}{x+1}\right)^n$ で表される無限等比数列が収束するように実数 x の値の範囲を定めよ。また，そのときの数列の極限値を求めよ。

解　与えられた数列は初項 $\dfrac{2x-1}{x+1}$，公比 $\dfrac{2x-1}{x+1}$ の無限等比数列であるから

収束する条件は　$-1<\dfrac{2x-1}{x+1}\leqq 1$　　←$-1<r\leqq 1$

このとき，$x \neq -1$ より $(x+1)^2>0$ であるから，各辺に $(x+1)^2$ を掛けると

$$-(x+1)^2<(2x-1)(x+1)\leqq(x+1)^2$$

したがって　$\begin{cases}-(x+1)^2<(2x-1)(x+1) & \cdots\cdots① \\ (2x-1)(x+1)\leqq(x+1)^2 & \cdots\cdots②\end{cases}$

①より　$3x(x+1)>0$ となるから

　$x<-1,\ 0<x$ ……③

②より　$(x+1)(x-2)\leqq 0$ となるから

　$-1\leqq x\leqq 2$ ……④

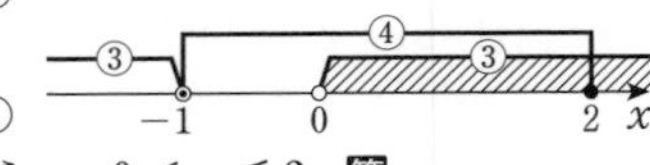

求める x の値の範囲は，③，④の共通部分であるから　　**$0<x\leqq 2$**　答

$\dfrac{2x-1}{x+1}=1$ すなわち $x=2$ のとき，極限値は1，

$-1<\dfrac{2x-1}{x+1}<1$ すなわち $0<x<2$ のとき，極限値は0である。

よって，極限値は　　**$x=2$ のとき1**

　　　　　　　　　$0<x<2$ のとき0　答

44　第 n 項が次の式で表される無限等比数列が収束するように実数 x の値の範囲を定めよ。また，そのときの数列の極限値を求めよ。

(1)　$(2x+1)^n$　　(2)　$\left(\dfrac{2x}{x-1}\right)^n$

3 無限級数

▶教p.30〜p.37

1 無限級数

無限級数 $\sum_{k=1}^{\infty} a_k = a_1 + a_2 + a_3 + \cdots\cdots + a_n + \cdots\cdots$ において，無限数列 $\{a_n\}$ の初項から第 n 項までの和 S_n を**部分和**という。

部分和のつくる数列 $\{S_n\}$ が一定の値 S に収束するとき，無限級数 $\sum_{k=1}^{\infty} a_k$ は S に**収束**するといい，S をこの無限級数の**和**という。

部分和のつくる数列 $\{S_n\}$ が発散するとき，無限級数 $\sum_{k=1}^{\infty} a_k$ は**発散**するという。

2 無限等比級数の収束・発散

無限等比級数 $a + ar + ar^2 + \cdots\cdots + ar^{n-1} + \cdots\cdots$ について

(i) $a \neq 0$ のとき $\begin{cases} |r| < 1 \text{ のとき収束し，その和は } \dfrac{a}{1-r} \text{ である} \\ |r| \geqq 1 \text{ のとき発散する} \end{cases}$

(ii) $a = 0$ のとき，r に関係なく収束し，その和は 0

3 無限級数の収束・発散

(i) 無限級数 $\sum_{k=1}^{\infty} a_k$ が収束するならば，$\lim_{n\to\infty} a_n = 0$

(ii) $\lim_{n\to\infty} a_n \neq 0$ ならば，無限級数 $\sum_{k=1}^{\infty} a_k$ は発散する。

4 無限級数の性質

無限級数 $\sum_{n=1}^{\infty} a_n$，$\sum_{n=1}^{\infty} b_n$ が，ともに収束するとき

[1] $\sum_{n=1}^{\infty} ka_n = k\sum_{n=1}^{\infty} a_n$　　（ただし，k は定数）

[2] $\sum_{n=1}^{\infty} (a_n + b_n) = \sum_{n=1}^{\infty} a_n + \sum_{n=1}^{\infty} b_n$，$\sum_{n=1}^{\infty} (a_n - b_n) = \sum_{n=1}^{\infty} a_n - \sum_{n=1}^{\infty} b_n$

SPIRAL A

45 次の問いに答えよ。 ▶教p.31 例題2

(1) $\dfrac{1}{(3k-1)(3k+2)} = \dfrac{1}{3}\left(\dfrac{1}{3k-1} - \dfrac{1}{3k+2}\right)$ であることを用いて，

無限級数 $\sum_{k=1}^{\infty} \dfrac{1}{(3k-1)(3k+2)}$ の和を求めよ。

(2) $\dfrac{1}{(4k-1)(4k+3)} = \dfrac{1}{4}\left(\dfrac{1}{4k-1} - \dfrac{1}{4k+3}\right)$ であることを用いて，

無限級数 $\sum_{k=1}^{\infty} \dfrac{1}{(4k-1)(4k+3)}$ の和を求めよ。

46　次の無限等比級数の収束，発散を調べ，収束するときはその和を求めよ。

▶教p.33 例9

*(1)　$1+\frac{1}{3}+\frac{1}{9}+\cdots\cdots$　　(2)　$9-6+4-\cdots\cdots$

*(3)　$2-2+2-\cdots\cdots$　　(4)　$2\sqrt{2}-2+\sqrt{2}-\cdots\cdots$

(5)　$-0.2+0.16-0.128+\cdots\cdots$　　*(6)　$1+(\sqrt{2}-1)+(3-2\sqrt{2})+\cdots\cdots$

47　次の無限級数が収束するような実数 x の値の範囲を求めよ。また，そのときの和を求めよ。

▶教p.34 例題3

*(1)　$1+2x+4x^2+\cdots\cdots+2^{n-1}x^{n-1}+\cdots\cdots$

(2)　$3-x+\frac{x^2}{3}-\cdots\cdots+\frac{(-1)^{n-1}}{3^{n-2}}x^{n-1}+\cdots\cdots$

*(3)　$x+x(x-1)+x(x-1)^2+\cdots\cdots+x(x-1)^{n-1}+\cdots\cdots$

(4)　$x+x(x^2-1)+x(x^2-1)^2+\cdots\cdots+x(x^2-1)^{n-1}+\cdots\cdots$

48　次の無限級数の和を求めよ。

▶教p.36 例題4

(1)　$\sum_{n=1}^{\infty}\left(\frac{1}{2^{n-1}}+\frac{1}{3^{n-1}}\right)$　　(2)　$\sum_{n=1}^{\infty}\left\{\frac{2}{3^n}-\left(-\frac{1}{2}\right)^n\right\}$

(3)　$\sum_{n=1}^{\infty}\frac{(-2)^n+1}{3^n}$　　(4)　$\sum_{n=1}^{\infty}\frac{3^{n-1}-2^n}{5^{n-1}}$

49　無限級数 $\frac{1}{2}+\frac{3}{4}+\frac{5}{6}+\cdots\cdots+\frac{2n-1}{2n}+\cdots\cdots$ が発散することを示せ。

▶教p.37 例10

SPIRAL B

50　次の無限級数の収束，発散を調べ，収束するときはその和を求めよ。

▶教p.31 例題2

*(1)　$\frac{1}{1^2+1}+\frac{1}{2^2+2}+\frac{1}{3^2+3}+\cdots\cdots+\frac{1}{n^2+n}+\cdots\cdots$

(2)　$\frac{1}{2^2-1}+\frac{1}{4^2-1}+\frac{1}{6^2-1}+\cdots\cdots+\frac{1}{(2n)^2-1}+\cdots\cdots$

*(3)　$\frac{1}{\sqrt{3}+1}+\frac{1}{\sqrt{5}+\sqrt{3}}+\frac{1}{\sqrt{7}+\sqrt{5}}+\cdots\cdots+\frac{1}{\sqrt{2n+1}+\sqrt{2n-1}}+\cdots\cdots$

51　1辺の長さが a の正方形ABCDがある。この正方形の各辺の中点を結び，正方形 $A_1B_1C_1D_1$ をつくる。さらに，正方形 $A_1B_1C_1D_1$ の各辺の中点を結び，正方形 $A_2B_2C_2D_2$ をつくる。以下，この操作を続けていくとき，

正方形 $A_1B_1C_1D_1$，正方形 $A_2B_2C_2D_2$，……の面積の総和 S を求めよ。

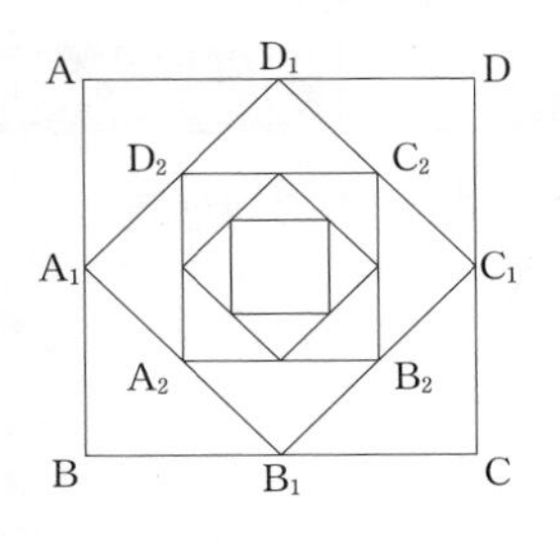

▶教p.35応用例題4

SPIRAL C

52　右の図のように，座標平面上で点Pが原点Oを出発して，P_1，P_2，P_3，……と動くとき，点Pはどのような点に近づくか。▶教p.61章末13

ただし，$OP_1=1$，$P_1P_2=k$，

$P_2P_3=k^2$，$P_3P_4=k^3$，……

であり，k は $0<k<1$ を満たす定数とする。

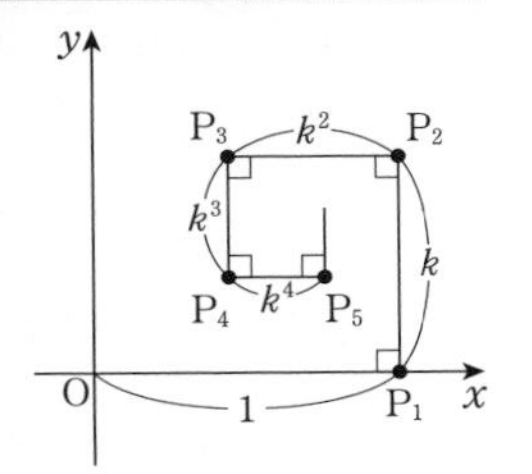

三角関数を含む無限級数の和

例題 6　無限級数 $\displaystyle\sum_{n=1}^{\infty}\left(\frac{1}{2}\right)^n\cos n\pi$ の和を求めよ。▶教p.61章末8

解　$n=1,\ 2,\ 3,\ \cdots\cdots$ のとき，$\cos n\pi=-1,\ 1,\ -1,\ \cdots\cdots$ であるから

$\cos n\pi=(-1)^n$

ゆえに　$\left(\frac{1}{2}\right)^n\cos n\pi=\left(\frac{1}{2}\right)^n\times(-1)^n=\left(-\frac{1}{2}\right)^n$

よって　$\displaystyle\sum_{n=1}^{\infty}\left(\frac{1}{2}\right)^n\cos n\pi=\sum_{n=1}^{\infty}\left(-\frac{1}{2}\right)^n=-\frac{1}{2}+\frac{1}{2^2}-\frac{1}{2^3}+\cdots\cdots$

したがって　$\displaystyle\sum_{n=1}^{\infty}\left(\frac{1}{2}\right)^n\cos n\pi$ は，初項 $-\frac{1}{2}$，公比 $-\frac{1}{2}$ の無限等比級数である。

$\left|-\frac{1}{2}\right|<1$ より収束し，その和は　$\displaystyle\sum_{n=1}^{\infty}\left(\frac{1}{2}\right)^n\cos n\pi=\frac{-\frac{1}{2}}{1-\left(-\frac{1}{2}\right)}=-\frac{1}{3}$　**答**

53　次の無限級数の和を求めよ。

(1)　$\displaystyle\sum_{n=1}^{\infty}\left(-\frac{1}{3}\right)^n\cos n\pi$　　(2)　$\displaystyle\sum_{n=1}^{\infty}\frac{1-\cos n\pi}{2^n}$

3節　関数の極限

1　関数の極限(1)

▶教p.39〜p.48

1 関数の極限値

関数 $f(x)$ において，変数 x が a と異なる値をとりながら a に限りなく近づくとき，関数 $f(x)$ の値が一定の値 α に限りなく近づくならば

$$\lim_{x\to a} f(x) = \alpha \quad \text{または} \quad x\to a \text{ のとき } f(x)\to\alpha$$

と表し，α を x が a に限りなく近づくときの $f(x)$ の**極限値**という。

このとき，$f(x)$ は α に**収束**するという。

2 関数の極限値の性質

$\lim_{x\to a} f(x) = \alpha$，$\lim_{x\to a} g(x) = \beta$ のとき

[1]　$\lim_{x\to a} kf(x) = k\alpha$　ただし，k は定数

[2]　$\lim_{x\to a}\{f(x)+g(x)\} = \alpha+\beta$，　$\lim_{x\to a}\{f(x)-g(x)\} = \alpha-\beta$

[3]　$\lim_{x\to a}\{f(x)g(x)\} = \alpha\beta$

[4]　$\lim_{x\to a}\dfrac{f(x)}{g(x)} = \dfrac{\alpha}{\beta}$　ただし，$\beta \neq 0$

3 関数のいろいろな極限

x が a と異なる値をとりながら a に限りなく近づくとき

[1]　$f(x)$ の値が限りなく大きくなるならば

$$\lim_{x\to a} f(x) = \infty \quad \text{または} \quad x\to a \text{ のとき } f(x)\to\infty$$

と表し，$x\to a$ のとき，$f(x)$ は**正の無限大に発散**するという。

[2]　$f(x)$ の値が負で，その絶対値が限りなく大きくなるならば

$$\lim_{x\to a} f(x) = -\infty \quad \text{または} \quad x\to a \text{ のとき } f(x)\to-\infty$$

と表し，$x\to a$ のとき，$f(x)$ は**負の無限大に発散**するという。

4 右側からの極限，左側からの極限

右側からの極限　$x > a$ の範囲で x が a に限りなく近づくときの $f(x)$ の極限　$\lim_{x\to a+0} f(x)$

左側からの極限　$x < a$ の範囲で x が a に限りなく近づくときの $f(x)$ の極限　$\lim_{x\to a-0} f(x)$

$$\lim_{x\to a} f(x) = \alpha \iff \lim_{x\to a+0} f(x) = \lim_{x\to a-0} f(x) = \alpha$$

注　関数の極限について，$x\to\infty$，$x\to-\infty$ のときも $x\to a$ のときと同様に考える。

SPIRAL A

54　次の関数の極限値を求めよ。　▶教p.39例1

*(1)　$\lim_{x\to 2}(x^2-3x+1)$　　(2)　$\lim_{x\to -1}\sqrt{3x+6}$

(3)　$\lim_{x\to 0} 3^x$　　*(4)　$\lim_{x\to 9}\log_3 x$

55　次の極限値を求めよ。 ▶教p.40 例2

*(1)　$\lim_{x \to 2} \frac{2x-1}{(x+1)(x-3)}$　　(2)　$\lim_{x \to -3} \frac{-x+4}{x^2-x+2}$

56　次の極限値を求めよ。 ▶教p.41 例題1

*(1)　$\lim_{x \to 4} \frac{x^2-16}{x-4}$　　(2)　$\lim_{x \to -2} \frac{x^2-x-6}{x+2}$

*(3)　$\lim_{x \to 4} \frac{x^2-2x-8}{x^2-x-12}$　　(4)　$\lim_{x \to -3} \frac{x^2+2x-3}{x^2-9}$

57　次の極限値を求めよ。 ▶教p.41 例題2

*(1)　$\lim_{x \to 9} \frac{\sqrt{x}-3}{x-9}$　　(2)　$\lim_{x \to 15} \frac{x-15}{\sqrt{x-6}-3}$

(3)　$\lim_{x \to 0} \frac{x}{\sqrt{x+25}-5}$　　*(4)　$\lim_{x \to -3} \frac{2-\sqrt{x+7}}{x+3}$

58　次の極限を求めよ。 ▶教p.43 例3

*(1)　$\lim_{x \to 0} \frac{1}{x^4}$　　(2)　$\lim_{x \to 2} \frac{1}{(x-2)^2}$　　*(3)　$\lim_{x \to -3} \left\{-\frac{1}{(x+3)^2}\right\}$

59　次の極限を求めよ。 ▶教p.44 例4

*(1)　$\lim_{x \to 3+0} \frac{1}{x-3}$　　(2)　$\lim_{x \to -1-0} \frac{2}{x+1}$　　*(3)　$\lim_{x \to 2-0} \left(\frac{3}{x-2}\right)^3$

60　関数 $f(x)=\frac{x^2-4}{|x-2|}$ において，次の極限を調べよ。 ▶教p.45 例5

*(1)　$\lim_{x \to 2+0} f(x)$　　(2)　$\lim_{x \to 2-0} f(x)$

61 関数 $f(x)=\dfrac{x^2-3x}{|2x|}$ において，次の極限を調べよ。 ▶教p.45例5

*(1) $\displaystyle\lim_{x\to+0}f(x)$　(2) $\displaystyle\lim_{x\to-0}f(x)$　*(3) $\displaystyle\lim_{x\to0}f(x)$

62 次の極限値を求めよ。 ▶教p.46例6

*(1) $\displaystyle\lim_{x\to\infty}\frac{1}{x^2}$　(2) $\displaystyle\lim_{x\to-\infty}\frac{2}{x}$　*(3) $\displaystyle\lim_{x\to\infty}\frac{1}{(x-5)^3}$

(4) $\displaystyle\lim_{x\to-\infty}\frac{2}{x^2+3}$　*(5) $\displaystyle\lim_{x\to-\infty}\frac{1}{3-x}$

63 次の極限を求めよ。 ▶教p.47例7

*(1) $\displaystyle\lim_{x\to\infty}\frac{x^2+5x-1}{x^2-2x+1}$　(2) $\displaystyle\lim_{x\to\infty}\frac{-2x^2+x-3}{x^2-x}$

*(3) $\displaystyle\lim_{x\to\infty}\frac{2x-3}{3x^2+x-1}$　(4) $\displaystyle\lim_{x\to-\infty}\frac{2x^2-5x+1}{x-1}$

64 次の極限を求めよ。 ▶教p.47例8

*(1) $\displaystyle\lim_{x\to\infty}(x^3-2x^2)$　(2) $\displaystyle\lim_{x\to-\infty}(x^2+3x)$

(3) $\displaystyle\lim_{x\to\infty}(x^3-4x^2)$　*(4) $\displaystyle\lim_{x\to-\infty}(2x^3+x)$

SPIRAL B

65 等式 $\displaystyle\lim_{x\to1}\frac{ax+b}{\sqrt{x}-1}=4$ が成り立つように，定数 a，b の値を定めよ。

▶教p.42応用例題1

66 次の極限が有限な値になるように定数 a の値を定め，その極限値を求めよ。

▶教p.60章末6

(1) $\displaystyle\lim_{x\to-1}\frac{x^2+ax-3}{x+1}$　*(2) $\displaystyle\lim_{x\to3}\frac{\sqrt{x+1}-a}{x-3}$

67 次の極限を求めよ。 ▶教p.48応用例題2

*(1) $\displaystyle\lim_{x\to\infty}(\sqrt{x^2+x+1}-x)$　(2) $\displaystyle\lim_{x\to\infty}(\sqrt{x^2+2x}-\sqrt{x^2+x})$

(3) $\displaystyle\lim_{x\to\infty}\frac{3}{\sqrt{x^2+3}-x}$　*(4) $\displaystyle\lim_{x\to-\infty}(\sqrt{x^2-x}+x)$

SPIRAL C

関数の極限

例題 7　次の等式が成り立つように，定数 a，b の値を定めよ。

$$\lim_{x\to\infty}(\sqrt{x^2+3x}-ax-b)=2$$

解　$a\leqq 0$ のとき

$$\lim_{x\to\infty}(\sqrt{x^2+3x}-ax-b)=\lim_{x\to\infty}\left\{x\left(\sqrt{1+\frac{3}{x}}-a\right)-b\right\}=\infty$$

であるから　$a>0$

このとき

$$(左辺)=\lim_{x\to\infty}\frac{\{\sqrt{x^2+3x}-(ax+b)\}\{\sqrt{x^2+3x}+(ax+b)\}}{\sqrt{x^2+3x}+ax+b}$$

$$=\lim_{x\to\infty}\frac{x^2+3x-(ax+b)^2}{\sqrt{x^2+3x}+ax+b}$$

$$=\lim_{x\to\infty}\frac{(1-a^2)x^2+(3-2ab)x-b^2}{\sqrt{x^2+3x}+ax+b}$$

$$=\lim_{x\to\infty}\frac{(1-a^2)x+3-2ab-\dfrac{b^2}{x}}{\sqrt{1+\dfrac{3}{x}}+a+\dfrac{b}{x}}$$

ここで，$1-a^2\neq 0$ とすると，(左辺) は ∞ または $-\infty$ に発散するから

$$1-a^2=0$$

$a>0$ より　$a=1$

このとき

$$(左辺)=\lim_{x\to\infty}\frac{3-2b-\dfrac{b^2}{x}}{\sqrt{1+\dfrac{3}{x}}+1+\dfrac{b}{x}}=\frac{3-2b}{2}$$

したがって　$\dfrac{3-2b}{2}=2$

ゆえに　　$b=-\dfrac{1}{2}$

よって　　$\boldsymbol{a=1,\ b=-\dfrac{1}{2}}$　答

68　次の等式が成り立つように，定数 a，b の値を定めよ。

$$\lim_{x\to\infty}(\sqrt{x^2+2x+3}-ax-b)=0$$

1　関数の極限(2)（指数・対数・三角関数）

▶教 p.49〜p.53

1 指数関数の極限

$a>1$ のとき　　$\lim_{x\to\infty} a^x = \infty$,　$\lim_{x\to-\infty} a^x = 0$

$0<a<1$ のとき　　$\lim_{x\to\infty} a^x = 0$,　$\lim_{x\to-\infty} a^x = \infty$

2 対数関数の極限

$a>1$ のとき　　$\lim_{x\to\infty} \log_a x = \infty$,　$\lim_{x\to+0} \log_a x = -\infty$

$0<a<1$ のとき　　$\lim_{x\to\infty} \log_a x = -\infty$,　$\lim_{x\to+0} \log_a x = \infty$

3 関数の極限の大小関係

$\lim_{x\to a} f(x) = \alpha$,　$\lim_{x\to a} g(x) = \beta$ のとき

[1]　x が a に近いとき，つねに　$f(x) \leqq g(x)$　ならば　$\alpha \leqq \beta$

[2]　x が a に近いとき，つねに　$f(x) \leqq h(x) \leqq g(x)$ で，
かつ　$\alpha=\beta$　ならば　$\lim_{x\to a} h(x) = \alpha$　　（はさみうちの原理）

4 $\dfrac{\sin\theta}{\theta}$ の極限

$$\lim_{\theta\to 0} \frac{\sin\theta}{\theta} = 1$$

SPIRAL A

69　次の極限を調べよ。　▶教 p.49 例9

*(1) $\lim_{x\to\infty} 3^x$　(2) $\lim_{x\to\infty} 3^{-x}$　*(3) $\lim_{x\to-\infty} \left(\frac{1}{5}\right)^x$

(4) $\lim_{x\to\infty} \log_2 x$　*(5) $\lim_{x\to+0} \log_{\frac{1}{2}} x$　(6) $\lim_{x\to\infty} \log_{\frac{1}{\pi}} x$

70　次の極限を調べよ。　▶教 p.50 例10

*(1) $\lim_{x\to 2\pi} \sin x$　(2) $\lim_{x\to-\pi} \cos x$　*(3) $\lim_{x\to 2\pi} \tan x$

(4) $\lim_{x\to\infty} \sin\frac{1}{x^2}$　*(5) $\lim_{x\to-\infty} \cos\frac{1}{x^3}$　(6) $\lim_{x\to-\infty} \tan\frac{1}{x}$

71　次の極限値を求めよ。　▶教 p.53 例題3

*(1) $\lim_{x\to 0} \frac{\sin 3x}{x}$　(2) $\lim_{x\to 0} \frac{x}{\sin x}$　*(3) $\lim_{x\to 0} \frac{\sin 4x}{\sin 3x}$

(4) $\lim_{x\to 0} \frac{x}{\tan x}$　*(5) $\lim_{x\to 0} \frac{\tan x}{\sin 2x}$

SPIRAL B

72　次の極限を調べよ。

(1) $\displaystyle\lim_{x\to\infty}(2^{2x}-3^x)$　(2) $\displaystyle\lim_{x\to-\infty}\frac{2^x-2^{-x}}{2^x+2^{-x}}$

(3) $\displaystyle\lim_{x\to\infty}\{\log_{10}(4x+3)-\log_{10}(2x+1)\}$

(4) $\displaystyle\lim_{x\to\infty}\{\log_3(3x^2+2x+1)-\log_3(1+x^2)\}$

73　次の極限を調べよ。

*(1) $\displaystyle\lim_{x\to\infty}\sin 2x$　(2) $\displaystyle\lim_{x\to-\infty}\cos\frac{1}{2}x$

*(3) $\displaystyle\lim_{x\to\pi}\tan\frac{x}{2}$　(4) $\displaystyle\lim_{x\to\frac{\pi}{2}}\frac{1}{\tan x}$

74　次の極限値を求めよ。　▶教p.51 応用例題3

*(1) $\displaystyle\lim_{x\to0}x\sin\frac{1}{x^2}$　(2) $\displaystyle\lim_{x\to\infty}\frac{\cos x}{x}$

75　次の極限値を求めよ。　▶教p.53 応用例題4

*(1) $\displaystyle\lim_{x\to0}\frac{\tan x+\sin 3x}{2x}$　(2) $\displaystyle\lim_{x\to0}\frac{1-\cos 3x}{x^2}$

*(3) $\displaystyle\lim_{x\to0}\frac{1-\cos 2x}{x\sin 2x}$　(4) $\displaystyle\lim_{x\to0}\frac{x\sin 2x}{1-\cos x}$

SPIRAL C

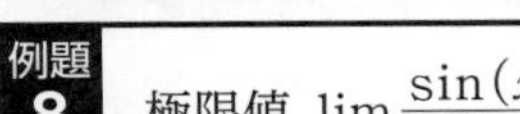

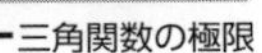

三角関数の極限

例題 8　極限値 $\displaystyle\lim_{x\to\pi}\frac{\sin(x-\pi)}{x-\pi}$ を求めよ。

解　$x-\pi=\theta$ とおくと，$x\to\pi$ のとき，$\theta\to0$ であるから

$$\lim_{x\to\pi}\frac{\sin(x-\pi)}{x-\pi}=\lim_{\theta\to0}\frac{\sin\theta}{\theta}=1$$ 答

76　次の極限値を求めよ。

(1) $\displaystyle\lim_{x\to\pi}\frac{\tan(x-\pi)}{x-\pi}$　(2) $\displaystyle\lim_{x\to1}\frac{\sin\pi x}{x-1}$

(3) $\displaystyle\lim_{x\to\frac{\pi}{2}}\frac{2x-\pi}{\cos x}$

2 関数の連続性

▶教p.54〜p.58

1 関数の連続性

関数 $f(x)$ において，その定義域内の x の値 a に対して
$\lim_{x \to a} f(x) = f(a)$ が成り立つとき，$f(x)$ は **$x=a$ で連続**であるという。

2 ガウス記号 [　]

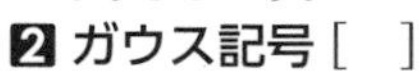

実数 x に対して，x を超えない最大の整数を $[x]$ で表す。

3 区間における連続

関数 $f(x)$ が，ある区間 I のすべての x の値において連続であるとき，$f(x)$ は**区間 I で連続**であるという。関数 $f(x)$，$g(x)$ がともに区間 I で連続ならば，次の関数もその区間において連続である。

[1]　$kf(x)$　ただし，k は定数　　[2]　$f(x)+g(x)$，$f(x)-g(x)$

[3]　$f(x)g(x)$　　[4]　$\dfrac{f(x)}{g(x)}$　ただし，区間 I で $g(x) \neq 0$

4 中間値の定理

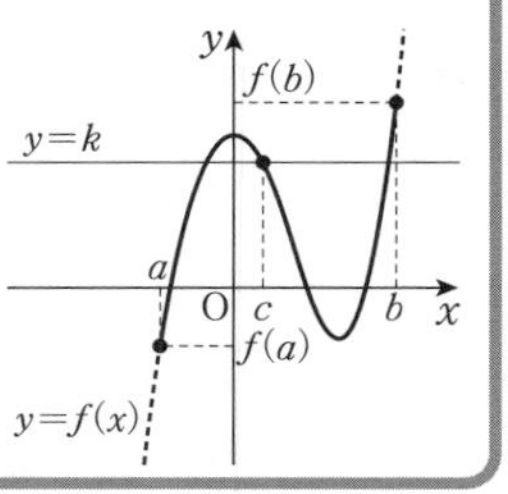

関数 $f(x)$ が区間 $[a,\ b]$ で連続で，$f(a) \neq f(b)$ ならば，$f(a)$ と $f(b)$ の間の任意の値 k に対して，

$f(c)=k$，$a<c<b$

を満たす実数 c が，a と b の間に少なくとも1つ存在する。

とくに，$f(a)$ と $f(b)$ が異符号ならば，方程式 $f(x)=0$ は a と b の間に少なくとも1つの実数解をもつ。

SPIRAL A

77　次の関数 $f(x)$ は $x=9$ で連続であるかどうか調べよ。 ▶教p.54 例11

*(1)　$f(x)=\dfrac{x}{x-1}$　　(2)　$f(x)=\log_3 x$

78　次の関数 $f(x)$ について，与えられた x の値における連続性を調べよ。 ▶教p.55 例12

*(1)　$f(x)=[x]$　$(x=-2)$　　(2)　$f(x)=[\sqrt{x}]$　$(x=4)$

79　次の関数が連続である区間をいえ。 ▶教p.56 例13

*(1)　$f(x)=\dfrac{1}{x-2}$　　(2)　$f(x)=\dfrac{x^2+3x+2}{x+1}$　　*(3)　$f(x)=\sqrt{x-3}$

(4)　$f(x)=\sqrt{x^2-9}$　　*(5)　$f(x)=\log_2(x+1)$　　(6)　$f(x)=\dfrac{1}{\sqrt{x+1}}$

80　次の方程式は与えられた区間に少なくとも1つの実数解をもつことを証明せよ。

▶教p.58 例題4

(1)　$3^x-4x=0$　$(0<x<1)$

*(2)　$\sin x-x+1=0$　$(0<x<\pi)$

SPIRAL B

81　関数 $f(x)=\begin{cases}\dfrac{x+3}{x-1} & (x<-1,\ 2<x)\\ ax+b & (-1\leqq x\leqq 2)\end{cases}$ がすべての x の値において連続となるように，定数 a，b の値を定めよ。

▶教p.60 章末7

82　関数 $f(x)=[\cos x]$ について，$x=0$ における連続性を調べよ。

▶教p.55 例12

例題 9　極限で表された関数の連続性

関数 $f(x)=\displaystyle\lim_{n\to\infty}\frac{1+x}{1+x^n}$ のグラフをかけ。また，関数 $f(x)$ が連続である区間を求めよ。

解

$|x|>1$ のとき，$\displaystyle\lim_{n\to\infty}|x^n|=\infty$ より　$f(x)=0$

$|x|<1$ のとき，$\displaystyle\lim_{n\to\infty}x^n=0$ より　$f(x)=1+x$

$x=1$ のとき，$\displaystyle\lim_{n\to\infty}x^n=1$ より　$f(1)=1$

$x=-1$ のとき，$\displaystyle\lim_{n\to\infty}x^n$ は存在しないから，

$f(-1)$ は存在しない。

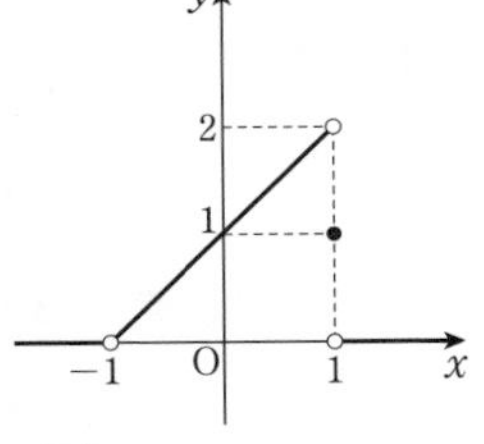

よって，$y=f(x)$ のグラフは右の図のようになる。

さらに，$\displaystyle\lim_{x\to1+0}f(x)\neq\lim_{x\to1-0}f(x)$ より，$\displaystyle\lim_{x\to1}f(x)$ が存在しないから，

$\displaystyle\lim_{x\to1}f(x)=f(1)$ が成り立たない。ゆえに，$f(x)$ は $x=1$ で連続でない。

また，$f(-1)$ が存在しないから $x=-1$ でも連続でない。

よって，連続である区間は　$\boldsymbol{x<-1,\ -1<x<1,\ 1<x}$　答

83　関数 $f(x)=\displaystyle\lim_{n\to\infty}\frac{1-x}{1+x^n}$ のグラフをかけ。また，関数 $f(x)$ が連続である区間を求めよ。

ヒント　**81**　$-1\leqq x\leqq 2$ のとき，$f(x)=ax+b$ より
$f(-1)=-a+b$，$f(2)=2a+b$

1節　微分法

1　微分係数と導関数

▶教p.64〜p.71

1 微分係数

・関数 $f(x)$ について，$x=a$ における微分係数は $\boldsymbol{f'(a)=\lim_{h\to 0}\frac{f(a+h)-f(a)}{h}}$

・$x=a$ における微分係数が存在するとき，$f(x)$ は $x=a$ で**微分可能**

・関数 $f(x)$ が $x=a$ で微分可能ならば，$\boldsymbol{x=a}$ **で連続**

2 導関数　$f'(x)=\lim_{h\to 0}\frac{f(x+h)-f(x)}{h}$

$y=f(x)$ の導関数は，y'，$\frac{dy}{dx}$，$\frac{d}{dx}f(x)$ とも表す。

3 微分法の公式

関数 $f(x)$，$g(x)$ が微分可能であるとき

[1]　$\{kf(x)\}'=kf'(x)$　ただし，k は定数

[2]　$\{f(x)+g(x)\}'=f'(x)+g'(x)$

[3]　$\{f(x)-g(x)\}'=f'(x)-g'(x)$

4 積の微分法　$\{f(x)g(x)\}'=f'(x)g(x)+f(x)g'(x)$

5 商の微分法　$\left\{\frac{1}{g(x)}\right\}'=-\frac{g'(x)}{\{g(x)\}^2}$　$\left\{\frac{f(x)}{g(x)}\right\}'=\frac{f'(x)g(x)-f(x)g'(x)}{\{g(x)\}^2}$

6 x^n の導関数　n が整数のとき　$(x^n)'=nx^{n-1}$

SPIRAL A

84　関数 $f(x)=\frac{2}{x-3}$ について，次の微分係数を求めよ。　▶教p.64例1

*(1)　$f'(2)$　　(2)　$f'(5)$

85　次の関数 $f(x)$ が，与えられた x の値において微分可能でないことを示せ。　▶教p.65練習2

*(1)　$f(x)=|x+1|$　$(x=-1)$　　(2)　$f(x)=|x^2-1|$　$(x=1)$

86　次の関数の導関数を，定義にしたがって求めよ。　▶教p.66例2

*(1)　$f(x)=\sqrt{x-1}$　　(2)　$f(x)=\frac{1}{2x+1}$

87　次の関数を微分せよ。　▶教p.67例3

(1)　$y=-4x^3+3x-2$　　*(2)　$y=2x^4-3x^3+5x-4$

88　次の関数を微分せよ。　▶教p.68例4

*(1)　$y=(3x+1)(2x^2-x+4)$　　(2)　$y=(3x^2-2)(x^2+x+1)$

89　次の関数を微分せよ。 ▶教 p.70 例題1

*(1)　$y=\dfrac{1}{2x-3}$　　(2)　$y=\dfrac{x}{x^2-2}$

*(3)　$y=\dfrac{x^2+1}{x^2-1}$　　(4)　$y=\dfrac{2x-5}{3x^2+1}$

90　次の関数を微分せよ。 ▶教 p.71 例5

(1)　$y=\dfrac{3}{x^2}$　　*(2)　$y=-\dfrac{5}{3x^4}$

*(3)　$y=3x^2+\dfrac{2}{x^3}$　　(4)　$y=\dfrac{x^3+2x-1}{x^2}$

SPIRAL B

積の微分法，商の微分法

例題 10　次の関数を微分せよ。

(1)　$y=(x-1)(x+2)(2x+3)$　　(2)　$y=\dfrac{(2x-1)(3x+2)}{x+1}$

解　(1)　$y'=\{(x-1)(x+2)\}'(2x+3)+\{(x-1)(x+2)\}(2x+3)'$

$=\{(x+2)+(x-1)\}(2x+3)+(x-1)(x+2)\cdot 2$

$=(2x+1)(2x+3)+2(x^2+x-2)$

$=(4x^2+8x+3)+(2x^2+2x-4)$

$=\boldsymbol{6x^2+10x-1}$ 答

参考　$(x-1)(x+2)=x^2+x-2$ と展開してから微分してもよい。

(2)　$y'=\dfrac{\{(2x-1)(3x+2)\}'(x+1)-\{(2x-1)(3x+2)\}(x+1)'}{(x+1)^2}$

$=\dfrac{\{2(3x+2)+(2x-1)\cdot 3\}(x+1)-(2x-1)(3x+2)\cdot 1}{(x+1)^2}$

$=\dfrac{(12x+1)(x+1)-(6x^2+x-2)}{(x+1)^2}$

$=\dfrac{(12x^2+13x+1)-(6x^2+x-2)}{(x+1)^2}=\boldsymbol{\dfrac{6x^2+12x+3}{(x+1)^2}}$ 答

参考　$(2x-1)(3x+2)=6x^2+x-2$ と展開してから微分してもよい。

さらに，$\dfrac{6x^2+x-2}{x+1}=6x-5+\dfrac{3}{x+1}$ と変形してから微分してもよい。

91　次の関数を微分せよ。

*(1)　$y=(x-2)(x+3)(2x-1)$　　(2)　$y=(x^2+1)(2x-3)(3x-1)$

92　次の関数を微分せよ。

(1)　$y=\dfrac{(x+1)(x-3)}{x-1}$　　(2)　$y=\dfrac{(x-1)(x^2+2)}{x^2+1}$

93 次の関数が $x=0$ において微分可能であるかどうか調べよ。

(1) $f(x)=|x|(x-2)$

(2) $f(x)=\begin{cases} x^2-x & (x \geqq 0) \\ -x^2-x & (x<0) \end{cases}$

94 nを正の整数とすると，$x \neq 1$ のとき，次の等式が成り立つ。

$$x+x^2+x^3+\cdots\cdots+x^n=\frac{x-x^{n+1}}{1-x}$$

この両辺をxで微分することにより，次の和を求めよ。

$$1+2x+3x^2+\cdots\cdots+nx^{n-1}$$

SPIRAL C

微分係数と極限

例題 11 関数 $f(x)$ が $x=a$ で微分可能であるとき，次の極限値を $f'(a)$ で表せ。

$$\lim_{h\to 0}\frac{f(a+3h)-f(a-h)}{h}$$

考え方 微分係数 $f'(a)$ の定義 $\displaystyle\lim_{h\to 0}\frac{f(a+h)-f(a)}{h}=f'(a)$ の形が現れるように変形する。

解

$$\begin{aligned}\lim_{h\to 0}\frac{f(a+3h)-f(a-h)}{h} &= \lim_{h\to 0}\frac{f(a+3h)-f(a)+f(a)-f(a-h)}{h} \\ &= \lim_{h\to 0}\left\{3\cdot\frac{f(a+3h)-f(a)}{3h}+\frac{f(a-h)-f(a)}{-h}\right\} \\ &= \lim_{h\to 0}\frac{3\{f(a+3h)-f(a)\}}{3h}+\lim_{h\to 0}\frac{f(a-h)-f(a)}{-h} \\ &= 3f'(a)+f'(a)=\boldsymbol{4f'(a)}\end{aligned}$$ 答

95 関数 $f(x)$ が $x=a$ で微分可能であるとき，次の極限値を $f'(a)$ で表せ。

▶教p.91 章末7

*(1) $\displaystyle\lim_{h\to 0}\frac{f(a-2h)-f(a)}{h}$

(2) $\displaystyle\lim_{h\to 0}\frac{f(a+2h)-f(a+3h)}{h}$

96 関数 $f(x)$ は，$x \leqq 1$ のとき $f(x)=ax^3+bx^2$，$x>1$ のとき $f(x)=x$ とする。$f(x)$ が $x=1$ において微分係数をもつようにa，bの値を定めよ。

▶教p.91 章末8

ヒント **93** $\displaystyle\lim_{h\to +0}\frac{f(0+h)-f(0)}{h}$ と $\displaystyle\lim_{h\to -0}\frac{f(0+h)-f(0)}{h}$ を調べる。

2 合成関数と逆関数の微分法

▶教p.72〜p.75

1 合成関数の微分法

関数 $y=f(u)$，$u=g(x)$ が，ともに微分可能であるとき，
合成関数 $y=f(g(x))$ も微分可能であり

$$\frac{dy}{dx}=\frac{dy}{du}\cdot\frac{du}{dx},\qquad \{f(g(x))\}'=f'(g(x))g'(x)$$

2 逆関数の微分法

$$\frac{dy}{dx}=\frac{1}{\frac{dx}{dy}}$$

3 x^r の導関数

r が有理数のとき　$(x^r)'=rx^{r-1}$

SPIRAL A

97　次の関数の（　）内の式を u とおいて，x について微分せよ。 ▶教p.73 例6

*(1)　$y=(2x+3)^3$　　(2)　$y=(2-3x^3)^3$

98　次の関数を微分せよ。 ▶教p.73 例7

*(1)　$y=(x^3+3)^2$　　(2)　$y=(2-3x-2x^2)^4$

*(3)　$y=\dfrac{1}{(x-3)^4}$　　(4)　$y=\dfrac{1}{(2x+5)^3}$

99　逆関数の微分法を用いて，次の関数を微分せよ。 ▶教p.74 例8

*(1)　$y=\sqrt[5]{x^3}$　　(2)　$y=\dfrac{1}{\sqrt{x}}$

100　次の関数を微分せよ。 ▶教p.75 例題2

*(1)　$y=\sqrt[4]{(2x+3)^3}$　　(2)　$y=\sqrt[3]{5-x}$

*(3)　$y=\dfrac{1}{\sqrt[3]{3x-2}}$　　(4)　$y=\dfrac{1}{\sqrt[4]{(2x+5)^3}}$

SPIRAL B

101　次の関数を微分せよ。

*(1)　$y=\left(x-\dfrac{1}{x}\right)^3$　　(2)　$y=\dfrac{x}{(1+x^2)^3}$

*(3)　$y=x\sqrt{x^2+3}$　　(4)　$y=\dfrac{x}{\sqrt{1-x^2}}$

2節　いろいろな関数の導関数

1　いろいろな関数の導関数

▶教p.77〜p.84

1 三角関数のいろいろな公式

積を和・差に直す公式

[1]　$\sin\alpha\cos\beta=\dfrac{1}{2}\{\sin(\alpha+\beta)+\sin(\alpha-\beta)\}$

[2]　$\cos\alpha\sin\beta=\dfrac{1}{2}\{\sin(\alpha+\beta)-\sin(\alpha-\beta)\}$

[3]　$\cos\alpha\cos\beta=\dfrac{1}{2}\{\cos(\alpha+\beta)+\cos(\alpha-\beta)\}$

[4]　$\sin\alpha\sin\beta=-\dfrac{1}{2}\{\cos(\alpha+\beta)-\cos(\alpha-\beta)\}$

和・差を積に直す公式

[5]　$\sin A+\sin B=2\sin\dfrac{A+B}{2}\cos\dfrac{A-B}{2}$

[6]　$\sin A-\sin B=2\cos\dfrac{A+B}{2}\sin\dfrac{A-B}{2}$

[7]　$\cos A+\cos B=2\cos\dfrac{A+B}{2}\cos\dfrac{A-B}{2}$

[8]　$\cos A-\cos B=-2\sin\dfrac{A+B}{2}\sin\dfrac{A-B}{2}$

2 三角関数の導関数

$(\sin x)'=\cos x$,　$(\cos x)'=-\sin x$,　$(\tan x)'=\dfrac{1}{\cos^2 x}$

3 対数関数の導関数

[1]　$(\log x)'=\dfrac{1}{x}$,　$(\log_a x)'=\dfrac{1}{x\log a}$

[2]　$(\log|x|)'=\dfrac{1}{x}$,　$(\log_a|x|)'=\dfrac{1}{x\log a}$

[3]　$(\log|f(x)|)'=\dfrac{f'(x)}{f(x)}$

4 指数関数の導関数

$(e^x)'=e^x$,　$(a^x)'=a^x\log a$

5 対数微分法（思考力➕）

両辺の自然対数をとってから微分することにより導関数を求める方法

SPIRAL A

102 次の式の値を求めよ。 ▶教p.77 例1

*(1) $\sin\frac{5}{24}\pi\sin\frac{\pi}{24}$　　(2) $\cos\frac{5}{12}\pi-\cos\frac{\pi}{12}$

103 次の積を和・差の形に直せ。 ▶教p.77 例1

*(1) $\sin 3\theta\cos 5\theta$　　(2) $\sin\theta\sin 5\theta$

(3) $\cos 2\theta\sin 3\theta$　　*(4) $\cos 4\theta\cos\theta$

104 次の和・差を積の形に直せ。 ▶教p.77 例1

*(1) $\sin 3\theta+\sin 5\theta$　　(2) $\sin 6\theta-\sin 2\theta$

*(3) $\cos 4\theta-\cos 2\theta$　　(4) $\cos\theta+\cos 5\theta$

105 次の関数を微分せよ。 ▶教p.79 例題1

*(1) $y=\cos 3x$　　(2) $y=\sin^4 x$

(3) $y=\tan 4x$　　*(4) $y=\frac{1}{\cos x}$

106 次の関数を微分せよ。 ▶教p.81 例題2

*(1) $y=\log 5x$　　(2) $y=\log(3x+5)$

*(3) $y=\log_3(2x-3)$　　(4) $y=x^3\log 2x$

107 次の関数を微分せよ。 ▶教p.82 例題3

*(1) $y=\log|3x+2|$　　(2) $y=\log|\sin 2x|$

108 次の関数を微分せよ。 ▶教p.83 例題4

*(1) $y=e^{4x}$　　(2) $y=e^{x^2}$

*(3) $y=3^{-2x}$　　(4) $y=xe^{3x}$

SPIRAL B

109 次の関数を微分せよ。 ▶教p.79例題1

*(1) $y=\sin x\tan x$　　*(2) $y=\sin(\cos x)$

(3) $y=\cos\dfrac{1}{x}$　　(4) $y=\sin x\cos^2 x$

*(5) $y=\dfrac{\sin x}{1+\cos x}$　　(6) $y=\sqrt{1-\tan^2 x}$

110 次の関数を微分せよ。 ▶教p.81例題2

*(1) $y=x\log_2 x$　　*(2) $y=\dfrac{\log x}{x}$

(3) $y=(\log x)^4$　　(4) $y=\log(\sqrt{x^2+4}+x)$

111 次の関数を微分せよ。 ▶教p.82例題3

*(1) $y=\log|x^2-x|$　　(2) $y=\log|\sin^2 x|$

(3) $y=\log_2|x^3+1|$　　(4) $y=\log\left|\dfrac{1+\sin x}{1-\sin x}\right|$

112 次の関数を微分せよ。 ▶教p.83例題4

*(1) $y=e^{\sin x}$　　(2) $y=\sqrt[3]{1+e^{2x}}$

*(3) $y=3^x\cos x$　　(4) $y=\dfrac{e^{x^2}}{x}$

SPIRAL C

113 対数微分法を利用して，次の関数を微分せよ。 ▶教p.84思考力➕

(1) $y=\dfrac{(x-3)^3}{(x-2)^2}$　　(2) $y=\dfrac{x^2(x+1)}{(x-2)^3}$

*(3) $y=\sqrt{\dfrac{x^2+1}{2x+1}}$　　(4) $y=\dfrac{(x-1)^2}{\sqrt[3]{3x+2}}$

114 関数 $y=\sqrt[3]{\dfrac{x^2-1}{x^2+1}}$ について，次の方法で導関数を求めよ。

(1) 商の微分法を用いる。

(2) 対数微分法を用いる。

(3) $y^3=\dfrac{x^2-1}{x^2+1}$ として，対数微分法を用いる。

対数微分法

例題 12 関数 $y=x^{\sin x}$ $(x>0)$ を微分せよ。 ▶教 p.91 章末8

解 両辺の自然対数をとると

$\log y=\log x^{\sin x}$ より $\log y=\sin x\log x$

この両辺を x で微分すると

$$\frac{y'}{y}=\cos x\log x+\sin x\cdot\frac{1}{x}$$

よって

$$y'=\left(\cos x\log x+\frac{1}{x}\sin x\right)\cdot y=\left(\boldsymbol{\cos x\log x+\frac{1}{x}\sin x}\right)\boldsymbol{x^{\sin x}}$$ 答

115 次の関数を微分せよ。

(1) $y=x^{\cos x}$ $(x>0)$　　*(2) $y=x^{\log x}$

e の定義を利用した極限

例題 13 $\displaystyle\lim_{t\to0}(1+t)^{\frac{1}{t}}=e$ を用いて，次の極限値を求めよ。 ▶教 p.91 章末6

(1) $\displaystyle\lim_{t\to0}(1+3t)^{\frac{1}{t}}$　　(2) $\displaystyle\lim_{n\to\infty}\left(1+\frac{2}{n}\right)^n$

解 (1) $h=3t$ とおくと，$t\to0$ のとき $h\to0$ より

$$\lim_{t\to0}(1+3t)^{\frac{1}{t}}=\lim_{h\to0}(1+h)^{\frac{3}{h}}$$

$$=\lim_{h\to0}\{(1+h)^{\frac{1}{h}}\}^3=\boldsymbol{e^3}$$ 答

(2) $h=\dfrac{2}{n}$ とおくと，$n\to\infty$ のとき $h\to+0$ より

$$\lim_{n\to\infty}\left(1+\frac{2}{n}\right)^n=\lim_{h\to+0}(1+h)^{\frac{2}{h}}$$

$$=\lim_{h\to+0}\{(1+h)^{\frac{1}{h}}\}^2=\boldsymbol{e^2}$$ 答

116 $\displaystyle\lim_{t\to0}(1+t)^{\frac{1}{t}}=e$ を用いて，次の極限値を求めよ。

*(1) $\displaystyle\lim_{t\to0}(1-2t)^{\frac{1}{t}}$　　(2) $\displaystyle\lim_{n\to\infty}\left(1+\frac{1}{2n}\right)^{n+1}$

2 曲線の方程式と導関数　3 高次導関数

▶教p.85～p.88

1 x，y の方程式と導関数

x，y の方程式で表された関数の導関数を求めるには，合成関数の微分法により

$$\frac{d}{dx}f(y)=\frac{d}{dy}f(y)\cdot\frac{dy}{dx}$$

を用いて，両辺を x で微分する。

2 曲線の媒介変数表示と導関数

$$\begin{cases} x=f(t) \\ y=g(t) \end{cases} \text{のとき}\quad \frac{dy}{dx}=\frac{\frac{dy}{dt}}{\frac{dx}{dt}}=\frac{g'(t)}{f'(t)}$$

3 第2次導関数

関数 $y=f(x)$ の導関数 $f'(x)$ の導関数を $y=f(x)$ の**第2次導関数**といい

$$y'',\ f''(x),\ \frac{d^2y}{dx^2},\ \frac{d^2}{dx^2}f(x)$$

などと表す。

4 第 n 次導関数

一般に，関数 $y=f(x)$ を n 回微分することによって得られる関数を $f(x)$ の**第 n 次導関数**といい

$$y^{(n)},\ f^{(n)}(x),\ \frac{d^ny}{dx^n},\ \frac{d^n}{dx^n}f(x)$$

などと表す。

SPIRAL A

117 次の方程式で定められる x の関数 y について，$\dfrac{dy}{dx}$ を求めよ。 ▶教p.85例2

*(1) $9x^2+4y^2=36$　　*(2) $x^2y=3$

118 次のように媒介変数表示された曲線について，$\dfrac{dy}{dx}$ を t の関数として表せ。

▶教p.86例3

*(1) $\begin{cases} x=3t-2 \\ y=4t^2+6 \end{cases}$　　(2) $\begin{cases} x=4\cos t \\ y=3\sin t \end{cases}$

119 次の関数の第2次導関数を求めよ。 ▶教p.87例4

*(1) $y=\sqrt{x}$　　(2) $y=\cos 3x$

120 次の関数の第 3 次導関数を求めよ。 ▶教p.88 例5

(1) $y=e^{-4x}$　　*(2) $y=\sin 3x$

121 次の関数の第 n 次導関数を求めよ。 ▶教p.88 例6

*(1) $y=\dfrac{1}{x}$　　(2) $y=3^x$

SPIRAL B

122 次の方程式で定められる x の関数 y について，$\dfrac{dy}{dx}$ を求めよ。

*(1) $x^2-2xy+3y^2=4$　　(2) $\sqrt{x}+\sqrt{y}=1$

123 方程式 $x^2-y^2=a^2$ で定められる x の関数 y について，次の問いに答えよ。

(1) $\dfrac{dy}{dx}$ を x，y で表せ。

(2) $\dfrac{d^2y}{dx^2}=-\dfrac{a^2}{y^3}$ と表されることを示せ。

***124** $y=e^x\cos x$ は，次の等式を満たすことを示せ。

$$y''-2y'+2y=0$$

SPIRAL C

125 n を自然数とするとき，$y=(x+1)e^x$ の第 n 次導関数は

$$y^{(n)}=(x+n+1)e^x \quad \cdots\cdots①$$

となることを，数学的帰納法を用いて証明せよ。

ヒント **125** ［Ⅰ］ $n=1$ のとき，$y^{(1)}=(x+2)e^x$ を示す。

［Ⅱ］ $n=k$ のとき，①が成り立つと仮定し，$y^{(k)}=(x+k+1)e^x$ の両辺を微分して $n=k+1$ でも成り立つことを示す。

1節　接線，関数の増減

1　接線と法線

▶教p.94〜p.97

1 接線の方程式

曲線 $y=f(x)$ 上の点 $\mathrm{A}(a,\ f(a))$ における接線の方程式は

$$\boldsymbol{y-f(a)=f'(a)(x-a)}$$

2 法線の方程式

曲線 $y=f(x)$ 上の点 $\mathrm{A}(a,\ f(a))$ における法線の方程式は

$$\boldsymbol{y-f(a)=-\frac{1}{f'(a)}(x-a)}\quad ただし，f'(a)\neq 0$$

注　$f'(a)=0$ のときは，法線の方程式は $x=a$ である。

SPIRAL A

126 次の曲線上の点Aにおける接線の方程式を求めよ。 ▶教p.94例題1

*(1) $y=\dfrac{x}{x+2}$，$\mathrm{A}\left(1,\ \dfrac{1}{3}\right)$　(2) $y=\cos 2x$，$\mathrm{A}\left(\dfrac{\pi}{2},\ -1\right)$

(3) $y=\sqrt{4-x^2}$，$\mathrm{A}(-1,\ \sqrt{3})$　(4) $y=\log x$，$\mathrm{A}(e^2,\ 2)$

127 次の曲線上の点Aにおける法線の方程式を求めよ。 ▶教p.96例1

*(1) $y=x^3+3x$，$\mathrm{A}(1,\ 4)$　(2) $y=e^{2x}$，$\mathrm{A}(1,\ e^2)$

128 次の曲線上の点Aにおける接線の方程式を求めよ。 ▶教p.97例2

*(1) 楕円 $\dfrac{x^2}{2}+\dfrac{y^2}{8}=1$，$\mathrm{A}(1,\ 2)$

(2) 双曲線 $\dfrac{x^2}{3}-\dfrac{y^2}{3}=1$，$\mathrm{A}(2,\ 1)$

SPIRAL B

129 次の曲線上の点Aにおける接線および法線の方程式を求めよ。

*(1) $y=\dfrac{1}{x}$，$\mathrm{A}\left(3,\ \dfrac{1}{3}\right)$　(2) $y=e^{2x+1}$，$\mathrm{A}(0,\ e)$

*(3) $y=\sqrt{1+\sin x}$，$\mathrm{A}(\pi,\ 1)$　(4) $y=x^2\log x$，$\mathrm{A}(e,\ e^2)$

130 曲線 $y=\sqrt{x}$ について，次のような接線の方程式を求めよ。

▶教p.95応用例題1

*(1) 傾きが $\dfrac{1}{2}$ である　(2) 点 $(3,\ 2)$ を通る

131 次の曲線に，点Aから引いた接線の方程式を求めよ。 ▶教 p.95 応用例題1

*(1)　$y=\sqrt{x^2+1}$，A(1, 0)　　(2)　$y=\dfrac{\log x}{x}$，A(0, 0)

132 媒介変数で表された次の曲線について，(　)内の t の値に対応する点における接線の方程式を求めよ。

*(1)　$\begin{cases} x=3t^2-1 \\ y=4t^3+6t \end{cases}$　$(t=1)$　　(2)　$\begin{cases} x=\cos t \\ y=\sin 2t \end{cases}$　$\left(t=\dfrac{\pi}{4}\right)$

133 次の曲線上の点Aにおける接線および法線の方程式を求めよ。

*(1)　$\sqrt{x}+\sqrt{y}=4$，A(4, 4)　　(2)　$y^2=1-\cos x$，$\mathrm{A}\left(\dfrac{\pi}{2},\ 1\right)$

SPIRAL C

共通接線

例題 14　2つの曲線 $y=-\dfrac{1}{x}$，$y=\sqrt{x+a}$ が，点Pを共有し，かつ点Pで共通な接線をもつように，定数 a の値を定めよ。 ▶教 p.126 章末7

考え方　点Pで，共通の接線をもつための条件は
(i)　座標が一致する。
(ii)　微分係数が一致する。
が同時に成り立つことである。

解　共有する点Pの x 座標を b とおく。
点Pにおけるそれぞれの y 座標が等しいことから

$-\dfrac{1}{b}=\sqrt{b+a}$ ……①

また，$y=-\dfrac{1}{x}$　より　$y'=\dfrac{1}{x^2}$

$y=\sqrt{x+a}$　より　$y'=\dfrac{1}{2\sqrt{x+a}}$

点Pにおけるそれぞれの微分係数が等しいことから

$\dfrac{1}{b^2}=\dfrac{1}{2\sqrt{b+a}}$ ……②

①を②に代入して　$\dfrac{1}{b^2}=-\dfrac{b}{2}$　よって　$b=-\sqrt[3]{2}$

①より　$a=\dfrac{1}{b^2}-b=-\dfrac{b}{2}-b=-\dfrac{3}{2}b=\dfrac{3\sqrt[3]{2}}{2}$　答

134 2つの曲線 $y=2\sin x$，$y=a-\cos 2x$ が，点Pを共有し，かつ点Pで共通な接線をもつように，定数 a の値を定めよ。

思考力 PLUS 楕円・双曲線・放物線の接線

1 2次曲線上の接線

▶教p.112

2次曲線上の点 $A(x_1,\ y_1)$ における接線は，次のようになる。

2次曲線	曲線の方程式	接線の方程式
楕円	$\dfrac{x^2}{a^2}+\dfrac{y^2}{b^2}=1$	$\boldsymbol{\dfrac{x_1x}{a^2}+\dfrac{y_1y}{b^2}=1}$
双曲線	$\dfrac{x^2}{a^2}-\dfrac{y^2}{b^2}=1$	$\boldsymbol{\dfrac{x_1x}{a^2}-\dfrac{y_1y}{b^2}=1}$
	$\dfrac{x^2}{a^2}-\dfrac{y^2}{b^2}=-1$	$\boldsymbol{\dfrac{x_1x}{a^2}-\dfrac{y_1y}{b^2}=-1}$
放物線	$y^2=4px$	$\boldsymbol{y_1y=2p(x+x_1)}$

SPIRAL B

2次曲線の接線

例題 15 点 $(4,\ 0)$ から楕円 $\dfrac{x^2}{8}+\dfrac{y^2}{2}=1$ に引いた接線の方程式を上の公式を用いて求めよ。

解 接点を $(x_1,\ y_1)$ とおくと，接線の方程式は

$$\frac{x_1x}{8}+\frac{y_1y}{2}=1$$

この接線が点 $(4,\ 0)$ を通るから

$$\frac{4x_1}{8}=1 \text{ より } x_1=2 \quad \cdots\cdots①$$

また，接点 $(x_1,\ y_1)$ は楕円上の点であるから

$$\frac{x_1^2}{8}+\frac{y_1^2}{2}=1 \quad \cdots\cdots②$$

①を②に代入して，$\dfrac{2^2}{8}+\dfrac{y_1^2}{2}=1$ より

$$y_1=\pm1$$

よって，求める接線の方程式は

$$\frac{x}{4}+\frac{y}{2}=1,\quad \frac{x}{4}-\frac{y}{2}=1$$

すなわち　$\boldsymbol{y=-\dfrac{1}{2}x+2,\ y=\dfrac{1}{2}x-2}$ 答

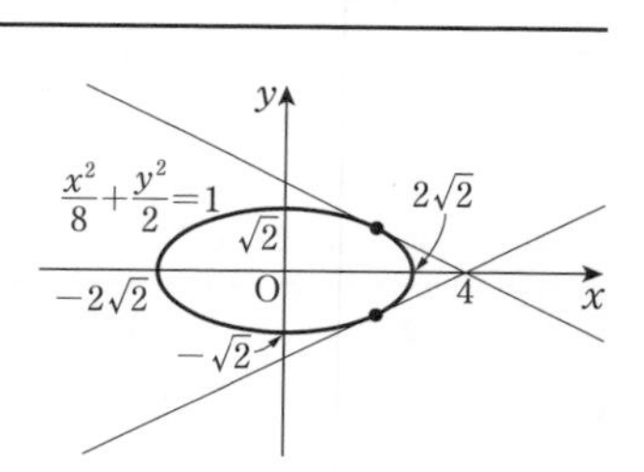

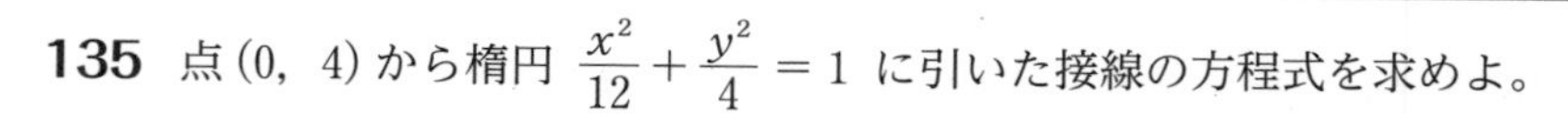

135 点 $(0,\ 4)$ から楕円 $\dfrac{x^2}{12}+\dfrac{y^2}{4}=1$ に引いた接線の方程式を求めよ。

136 点 $\left(0,\ \dfrac{1}{2}\right)$ から双曲線 $\dfrac{x^2}{5}-y^2=1$ に引いた接線の方程式を求めよ。

2 平均値の定理

▶教p.98〜p.99

平均値の定理

関数 $f(x)$ が区間 $[a,\ b]$ で連続で，
区間 $(a,\ b)$ で微分可能であるとき，

$$\frac{f(b)-f(a)}{b-a}=f'(c),\ a<c<b$$

を満たす実数 c が存在する。

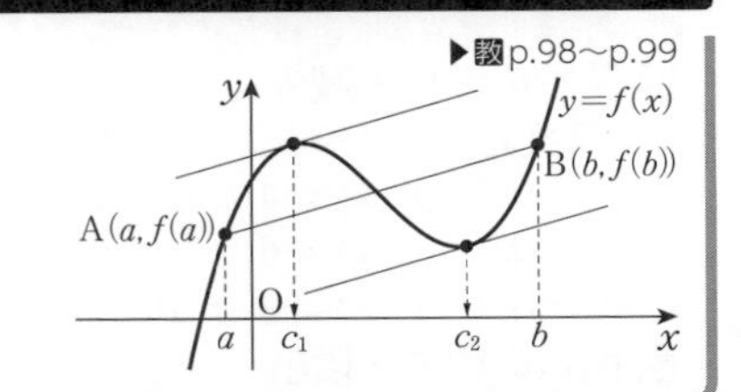

第3章 微分法の応用

SPIRAL A

137 次の各場合について，平均値の定理における c の値を求めよ。 ▶教p.98例3

*(1) $f(x)=2x^3-3x$　$[0,\ 1]$　　(2) $f(x)=\log_2 x$　$[2,\ 4]$

(3) $y=e^x$　$[0,\ 1]$　　(4) $y=\sqrt{4-x^2}$　$[-2,\ 2]$

SPIRAL B

138 次の曲線上の 2 点 A，B の間において，直線 AB に平行な接線の接点の座標を求めよ。

*(1) $y=x^2-2x$　A$(2,\ 0)$，B$(4,\ 8)$　(2) $y=\dfrac{1}{x}$　A$(1,\ 1)$，B$\left(4,\ \dfrac{1}{4}\right)$

139 平均値の定理を用いて，次の不等式を証明せよ。 ▶教p.99応用例題2

*(1) $0<a<b$ のとき　$\dfrac{1}{2\sqrt{b}}<\dfrac{\sqrt{b}-\sqrt{a}}{b-a}<\dfrac{1}{2\sqrt{a}}$

(2) $0<a<b<\dfrac{\pi}{2}$ のとき　$\sin b-\sin a<b-a$

140 すべての実数で微分可能な関数 $f(x)$ が $\lim_{x\to\infty}f'(x)=k$ となるとき，極限値 $\lim_{x\to\infty}\{f(x+a)-f(x)\}$ を平均値の定理を用いて求めよ。
ただし，$a>0$，k は定数とする。

SPIRAL C

141 関数 $f(x)=\sqrt{x^2-1}$ について，次の問いに答えよ。

(1) $1<c<x$ のとき，$\dfrac{f(x)-f(1)}{x-1}=f'(c)$ を満たす c を x の式で表せ。

(2) (1)のとき，$\displaystyle\lim_{x\to 1+0}\frac{c-1}{x-1}$ を求めよ。

ヒント　**140**　区間 $[x,\ x+a]$ で平均値の定理を用いる。

3 関数の増加・減少と極大・極小

1 関数の増加・減少

▶教p.100〜p.103

関数 $f(x)$ が区間 $[a,\ b]$ で連続，区間 $(a,\ b)$ で微分可能であるとき，区間 $(a,\ b)$ で

つねに $f'(x)>0$ ならば $f(x)$ は区間 $[a,\ b]$ で**増加**する。

つねに $f'(x)<0$ ならば $f(x)$ は区間 $[a,\ b]$ で**減少**する。

つねに $f'(x)=0$ ならば $f(x)$ は区間 $[a,\ b]$ で**定数**である。

2 関数の極大・極小

連続な関数 $f(x)$ が，$x=a_1$ で増加から減少に変わるとき，$f(a_1)$ を**極大値**，$x=a_2$ で減少から増加に変わるとき，$f(a_2)$ を**極小値**という。

3 極値と微分係数

関数 $f(x)$ が $x=a$ で微分可能であるとき，

$x=a$ で極値をとるならば　　$f'(a)=0$

とくに，$x=a$ の前後で，$f'(x)$ の符号が

正から負に変われば，$f(a)$ は極大値，

負から正に変われば，$f(a)$ は極小値である。

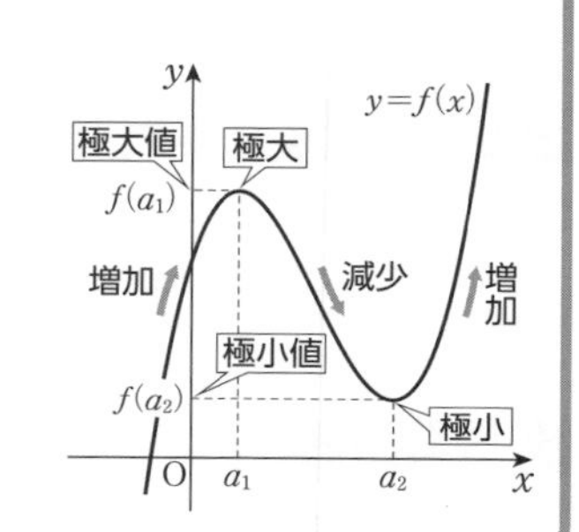

SPIRAL A

142 次の関数の増減を調べよ。 ▶教p.101例題2

*(1) $y=x^4-2x^3+x^2$　　(2) $y=e^x+e^{-x}$

(3) $y=(x-3)e^x$　　*(4) $y=x-\cos x\ \ (0\leqq x\leqq 2\pi)$

(5) $y=x-2+\dfrac{1}{x+1}$　　*(6) $y=\log(x^2+1)$

143 次の関数の極値を求めよ。 ▶教p.103例題3

*(1) $y=\dfrac{x-1}{x^2+3}$　　(2) $y=(x+1)e^x$

(3) $y=x-\log x$　　*(4) $y=2\cos x-\sin 2x\ \ (0\leqq x\leqq 2\pi)$

SPIRAL B

144 次の関数の極値を求めよ。 ▶教p.103例題3

*(1) $y=\dfrac{\log x}{x^2}$　　(2) $y=x\sqrt{4-x^2}$

*(3) $y=\dfrac{\sin x}{1-\cos x}\ \ (0<x<2\pi)$　　(4) $y=\cos x(1+\sin x)\ \ (0\leqq x\leqq 2\pi)$

145 関数 $f(x)=\cos 2x+a\cos x+b\ (0\leqq x\leqq \pi)$ が $x=\dfrac{\pi}{3}$ で極小値 1 をとるような定数 a，b の値を求めよ。

極値 [1]

例題 16 関数 $y=\sqrt[3]{x^2}$ の極値を求めよ。

解　$f(x)=\sqrt[3]{x^2}$ とおくと

$$f'(x)=\frac{2}{3\sqrt[3]{x}}$$

よって，$f(x)$ の増減表は，右のようになる。

したがって，y は

$x=0$ で極小値 0 をとる。　終

x	$\cdots$	0	$\cdots$
$f'(x)$	$-$	／	$+$
$f(x)$	↘	極小 0	↗

146 次の関数の極値を求めよ。

(1) $y=\sqrt[3]{x^2}(x-1)$　　(2) $y=|x|\sqrt{x+3}$

SPIRAL C

極値 [2]

例題 17 関数 $f(x)=\dfrac{x+a}{x^2+x+1}$ が $x=1$ で極値をとるように，定数 a の値を定めよ。また，このとき，関数 $f(x)$ の極値を求めよ。 ▶教p.125章末3

解

$$f'(x)=\frac{(x^2+x+1)-(x+a)(2x+1)}{(x^2+x+1)^2}=\frac{-x^2-2ax+1-a}{(x^2+x+1)^2}$$

$f(x)$ はすべての実数 x で微分可能であるから，$x=1$ で極値をとるならば，

$f'(1)=0$ より　$\dfrac{-3a}{9}=0$

ゆえに　$a=0$

このとき

$$f(x)=\frac{x}{x^2+x+1}$$

$$f'(x)=\frac{-x^2+1}{(x^2+x+1)^2}=-\frac{(x-1)(x+1)}{(x^2+x+1)^2}$$

よって，$f(x)$ の増減表は，右のようになる。

x	$\cdots$	-1	$\cdots$	1	$\cdots$
$f'(x)$	$-$	0	$+$	0	$-$
$f(x)$	↘	極小 -1	↗	極大 $\frac{1}{3}$	↘

ゆえに，$f(x)$ は $x=1$ で極値をとり，条件を満たす。

したがって，定数 a の値は　**$a=0$**

極値は **$x=-1$ で極小値 -1，$x=1$ で極大値 $\dfrac{1}{3}$** をとる。　終

***147** 関数 $f(x)=x+\dfrac{a}{x}$ が $x=1$ で極値をとるように，定数 a の値を定めよ。また，このとき，関数 $f(x)$ の極値を求めよ。

4 関数のグラフ

▶教p.104〜p.111

1 曲線の凹凸

$f''(x)>0$ となる区間では，曲線 $y=f(x)$ は　**下に凸**

$f''(x)<0$ となる区間では，曲線 $y=f(x)$ は　**上に凸**

2 曲線の変曲点

$f''(a)=0$ のとき，$x=a$ の前後で $f''(x)$ の符号が変わるならば，点 $(a,\ f(a))$ は曲線 $y=f(x)$ の**変曲点**である。

3 グラフの対称性

$f(-x)=f(x)$ がつねに成り立てば，$y=f(x)$ のグラフは y 軸に関して対称

$f(-x)=-f(x)$ がつねに成り立てば，$y=f(x)$ のグラフは原点に関して対称

4 第2次導関数と極値

関数 $f(x)$ の第2次導関数 $f''(x)$ が連続であるとき

[1]　$f'(a)=0$，$f''(a)>0$ ならば $f(a)$ は**極小値**

[2]　$f'(a)=0$，$f''(a)<0$ ならば $f(a)$ は**極大値**

SPIRAL A

148 次の曲線の凹凸を調べ，変曲点を求めよ。 ▶教p.105例4

*(1)　$y=x^3-3x^2-12x+5$　　(2)　$y=x^4-2x^3-8x+5$

*(3)　$y=x+\log(x^2+4)$　　*(4)　$y=x^2+\dfrac{8}{x}$

149 次の関数の増減，極値，グラフの凹凸および変曲点を調べて，そのグラフをかけ。ただし，$0\leqq x\leqq 2\pi$ とする。 ▶教p.106例題4

*(1)　$y=-\dfrac{1}{2}x+\sin x$　　(2)　$y=-x+2\cos x$

150 次の関数の増減，極値，グラフの凹凸および変曲点を調べて，そのグラフをかけ。 ▶教p.107例題5

*(1)　$y=\dfrac{x}{x^2+1}$　　(2)　$y=e^{-2x}-e^{-x}$

(3)　$y=x\sqrt{2-x^2}$　　(4)　$y=x-2+\sqrt{4-x^2}$

151 第2次導関数を利用して，次の関数の極値を求めよ。 ▶教p.111例題6

*(1)　$f(x)=-x^4+2x^2-1$　　(2)　$f(x)=(1-\sqrt{x})^2$

*(3)　$f(x)=x-2\sin x$　$(0\leqq x\leqq 2\pi)$

SPIRAL B

152 次の関数のグラフをかけ。 ▶教p.108応用例題3

(1)　$y=x+\dfrac{1}{x+1}$　　　*(2)　$y=\dfrac{x^2-3}{x-2}$

***153** 関数 $y=x^3+3ax^2+3bx+c$ のグラフは $x=-1$ で極大値をとり，点 $(0,\ -2)$ が変曲点である。定数 a，b，c の値を求めよ。

例題 18　変曲点をもつ条件

a を定数とするとき，曲線 $y=x^4-6ax^2+3x+1$ が変曲点をもつように，a の値の範囲を定めよ。

解　$y'=4x^3-12ax+3$，$y''=12x^2-12a=12(x^2-a)$ より
$y''=12x^2-12a$ のグラフが x 軸と2点で交わるとき，
$y''=0$ となる実数 x_1，x_2 が存在し，x_1，x_2 の前後で y'' の符号が変わる。
よって，変曲点をもつ a の値の範囲は
$-12a<0$　すなわち　$a>0$ 終

y　x　x_1　O　x_2　$-12a$　$y''=12x^2-12a$

154 a を定数とするとき，曲線 $y=ax^2+\cos x$ が変曲点をもつように，a の値の範囲を定めよ。

SPIRAL C

155 $a>0$ とする。関数 $f(x)=a\sin x+x\ (0<x<\pi)$ が極値をとるように，a の値の範囲を定めよ。

156 a を定数とするとき，曲線 $y=(x^2+8x+a+14)e^{-x}$ が変曲点をもつように，a の値の範囲を定めよ。

2節　いろいろな微分の応用

1　関数の最大・最小

1 最大値・最小値

▶教p.114〜p.115

関数 $y=f(x)$ において，値域に最大の値があるとき，その値をこの関数の**最大値**，最小の値があるとき，その値を**最小値**という。

最大値・最小値を求めるときには，増減表を利用するとよい。

SPIRAL B

157 次の関数の最大値と最小値を求めよ。 ▶教p.114応用例題1

*(1) $y=\dfrac{4-x^2}{4+x^2}$ $(-2 \leqq x \leqq 1)$　(2) $y=x\sin x+\cos x$ $(0 \leqq x \leqq \pi)$

*(3) $y=2x+e^{-2x}$ $(-1 \leqq x \leqq 3)$　*(4) $y=x\log x-2x$ $(1 \leqq x \leqq e^2)$

(5) $y=\dfrac{\log x}{x^2}$ $(1 \leqq x \leqq 4)$　(6) $y=\sin x-\sqrt{2}\sin x$ $(0 \leqq x \leqq \pi)$

158 次の関数の最大値と最小値を求めよ。 ▶教p.114応用例題1

*(1) $y=x-\sqrt{8-x^2}$　(2) $y=\dfrac{x-1}{x^2+2}$

(3) $y=x\log x$　*(4) $y=\log(x^2+1)-\log(x+2)$

159 体積が 2π である円柱について，表面積が最小となるときの底面の円の半径と高さをそれぞれ求めよ。 ▶教p.115応用例題2

***160** 半径1の円に内接する長方形のうち，周の長さが最大の長方形の縦の長さを求めよ。ただし，長方形の縦の長さは横の長さ以上とする。

▶教p.115応用例題2

***161** 関数 $y=\dfrac{ax^2}{e^x}$ $(x \geqq 0)$ の最大値が4であるとき，定数 a の値を求めよ。

162 関数 $y=\dfrac{a\sin x}{\cos x+2}$ $(0 \leqq x \leqq \pi)$ の最大値が $\sqrt{3}$ であるとき，定数 a の値を求めよ。

2 方程式・不等式への応用

▶教p.116〜p.117

1 方程式・不等式への応用

(1) 不等式 $f(x)>g(x)$ が成り立つことの証明
$F(x)=f(x)-g(x)$ とおき，最小値が0より大きいことを示す。

(2) $x>a$ のとき不等式 $f(x)>g(x)$ が成り立つことの証明
$F(x)=f(x)-g(x)$ とおき，$x>a$ で $F'(x)>0$ かつ $F(a)\geqq 0$ を示す。

(3) 方程式の実数解の個数
方程式 $f(x)=a$ （aは定数）の実数解の個数は，関数 $y=f(x)$ のグラフと直線 $y=a$ の共有点の個数に一致する。

SPIRAL B

163 次の不等式を証明せよ。 ▶教p.116応用例題3

(1) $x>0$ のとき，$\sqrt{e^x}>1+\dfrac{x}{2}$

*(2) $x\geqq 1$ のとき，$\dfrac{1+x}{2}>\log(1+x)$

(3) $0<x<\dfrac{\pi}{2}$ のとき，$3x<2\sin x+\tan x$

*(4) $x>0$ のとき，$\sin x>x-\dfrac{x^2}{2}$

164 aを定数とするとき，次の方程式の実数解の個数を調べよ。 ▶教p.117応用例題4

*(1) $\sin x-\dfrac{1}{2}x=a\quad(0\leqq x\leqq 2\pi)$　　(2) $\dfrac{x^3-3x+2}{x}-a=0$

***165** 方程式 $x+2\cos x=a$ が，$0\leqq x\leqq 2\pi$ の範囲に異なる実数解をちょうど2個もつような定数aの値の範囲を求めよ。

***166** すべての正の数xについて，不等式 $e^x\geqq ax^3$ が成り立つような定数aの値の範囲を求めよ。

SPIRAL C

167 2曲線 $y=ax^2$ と $y=\log x$ が共有点をもたないような定数aの値の範囲を求めよ。

3 速度・加速度　4 近似式

▶教p.118〜p.123

1 直線上の点の運動

数直線上を運動する点Pの座標xが，時刻tの関数として$x=f(t)$で表されるとき，時刻tにおける点Pの速度v，加速度αは

$$v=\frac{dx}{dt}=f'(t),\quad \alpha=\frac{dv}{dt}=f''(t)$$

また，$|v|$を**速さ**，$|\alpha|$を**加速度の大きさ**という。

2 平面上の点の運動

座標平面上を運動する点Pの座標$(x,\ y)$が時刻tの関数として$x=f(t)$，$y=g(t)$で表されるとき，時刻tにおける点Pの速度$\vec{v}$，加速度$\vec{\alpha}$は

$$\vec{v}=\left(\frac{dx}{dt},\ \frac{dy}{dt}\right),\quad \vec{\alpha}=\left(\frac{d^2x}{dt^2},\ \frac{d^2y}{dt^2}\right)$$

また，速さ$|\vec{v}|$，加速度の大きさ$|\vec{\alpha}|$は

$$|\vec{v}|=\sqrt{\left(\frac{dx}{dt}\right)^2+\left(\frac{dy}{dt}\right)^2},\quad |\vec{\alpha}|=\sqrt{\left(\frac{d^2x}{dt^2}\right)^2+\left(\frac{d^2y}{dt^2}\right)^2}$$

3 関数の近似式

[1]　hが0に近いとき　$f(a+h)\fallingdotseq f(a)+f'(a)h$

[2]　xが0に近いとき　$f(x)\fallingdotseq f(0)+f'(0)x$

とくに，xが0に近いとき　$(1+x)^k\fallingdotseq 1+kx$

SPIRAL A

168 数直線上を運動する点Pの時刻tにおける座標xが，次の式で表されるとき，(　)内の時刻における速度vと加速度αを求めよ。 ▶教p.118例1

*(1)　$x=3t^2-5t\quad(t=3)$　　(2)　$x=\cos\pi t\quad\left(t=\frac{2}{3}\right)$

169 時刻tにおける点Pの座標$(x,\ y)$が次の式で与えられるとき，$t=3$における点Pの速さと加速度の大きさを求めよ。 ▶教p.121例題1

*(1)　$x=2\cos\frac{3}{2}\pi t,\ y=2\sin\frac{3}{2}\pi t$　　(2)　$x=2t,\ y=-t^2+3$

170 xが0に近いとき，次の近似式が成り立つことを示せ。 ▶教p.122例2

*(1)　$\sqrt{x+1}\fallingdotseq 1+\frac{1}{2}x$　　(2)　$(1+kx)^n\fallingdotseq 1+knx$

171 次の数の近似値を求めよ。 ▶教p.123例3

(1)　1.001^3　　*(2)　$\sqrt[3]{0.94}$　　(3)　$\frac{1}{\sqrt{102}}$

SPIRAL B

172 次の数の近似値を π を用いて表せ。 ▶教p.123例題2

*(1) $\cos 61°$　　(2) $\sin 30.5°$

***173** 時刻 t における点Pの座標 $(x,\ y)$ が $x=2t^2+1,\ y=-4t^2+8t+7$ で表されるとき，次の問いに答えよ。

(1) 点Pの速さの最小値を求めよ。

(2) 点Pの速さが最小となるときの点Pの座標を求めよ。

SPIRAL C

174 水面から 30 m の高さの岸壁上の地点で，船を綱(つな)で引き寄せる。この地点から船までの距離が 58 m のときから，毎秒 4 m の割合で綱をたぐるとき，綱をたぐり始めてから 2 秒後の船の速さを求めよ。

例題 19 いろいろな量の変化率

球形のシャボン玉がある。このシャボン玉の半径が毎秒 1 mm の割合で増加している。このとき，次の問いに答えよ。

(1) 半径が 10 cm になった瞬間における表面積の増加の割合を求めよ。

(2) 半径が 10 cm になった瞬間における体積の増加の割合を求めよ。

解 (1) 表面積を S，半径を r とおくと　$S=4\pi r^2$

ここで，$\dfrac{dS}{dt}=\dfrac{dS}{dr}\cdot\dfrac{dr}{dt}=8\pi r\times\dfrac{dr}{dt}$

また，$\dfrac{dr}{dt}=0.1\ \mathrm{cm/s}$

よって，$r=10\ \mathrm{cm}$ のときの表面積の増加の割合は

$$\frac{dS}{dt}=8\pi\times10\times0.1=\boldsymbol{8\pi}\ (\mathbf{cm^2/s})$$ 答

(2) 体積を V とおくと　$V=\dfrac{4}{3}\pi r^3$

ここで，$\dfrac{dV}{dt}=\dfrac{dV}{dr}\cdot\dfrac{dr}{dt}=4\pi r^2\times\dfrac{dr}{dt}$

よって，$r=10\ \mathrm{cm}$ のときの体積の増加の割合は

$$\frac{dV}{dt}=4\pi\times10^2\times0.1=\boldsymbol{40\pi}\ (\mathbf{cm^3/s})$$ 答

175 上面の半径が 10 cm，高さが 20 cm の直円錐形の容器を，その軸を鉛直にしておき，この容器に毎秒 3 cm³ の割合で静かに水を注いでいく。水面の高さが 6 cm になった瞬間における水面の高さ h の増加の割合，水面の面積 S の増加の割合を求めよ。

1節　不定積分

1　不定積分とその性質

▶教p.128〜p.131

1 不定積分

$F'(x)=f(x)$ のとき $\int f(x)\,dx=F(x)+C$ 　　C は積分定数

2 x^{α} の不定積分

$\alpha \neq -1$ のとき $\int x^{\alpha}dx=\frac{1}{\alpha+1}x^{\alpha+1}+C$

$\alpha=-1$ のとき $\int x^{-1}dx=\int\frac{1}{x}dx=\log|x|+C$

3 不定積分の性質

[1] $\int kf(x)\,dx=k\int f(x)\,dx$ （ただし，k は定数）

[2] $\int\{f(x)+g(x)\}\,dx=\int f(x)\,dx+\int g(x)\,dx$

[3] $\int\{f(x)-g(x)\}\,dx=\int f(x)\,dx-\int g(x)\,dx$

4 三角関数の不定積分

$\int\sin x\,dx=-\cos x+C$

$\int\cos x\,dx=\sin x+C$

$\int\frac{1}{\cos^2 x}dx=\tan x+C$

5 指数関数の不定積分

$\int e^x dx=e^x+C$ 　　$\int a^x dx=\frac{a^x}{\log a}+C$

SPIRAL A

176 次の不定積分を求めよ。 ▶教p.129例1

*(1) $\int x^4 dx$ 　(2) $\int 3x^{-2}dx$ 　(3) $\int 2x^5 dx$

*(4) $\int\frac{4}{x^3}dx$ 　*(5) $\int 3x^{\frac{1}{4}}dx$ 　(6) $\int\sqrt[3]{x^2}\,dx$

177 次の不定積分を求めよ。 ▶教p.130例2

(1) $\int\frac{2x^2+3x-4}{x}dx$ 　*(2) $\int\frac{2x^3-4x^2+3x-1}{x}dx$

*(3) $\int\frac{3x+1}{x^2}dx$ 　(4) $\int\frac{(x-3)^2}{x^2}dx$

178 次の不定積分を求めよ。 ▶教p.130例2

(1) $\displaystyle\int\frac{x-\sqrt{x}}{x^2}dx$　　*(2) $\displaystyle\int\frac{x+1}{\sqrt{x}}dx$

*(3) $\displaystyle\int\frac{(\sqrt{x}+2)^2}{x}dx$　　(4) $\displaystyle\int\frac{(\sqrt{x}+1)(\sqrt{x}-3)}{x\sqrt{x}}dx$

179 次の不定積分を求めよ。 ▶教p.130例3

(1) $\displaystyle\int\frac{7}{\sqrt[4]{t^3}}dt$　　*(2) $\displaystyle\int\frac{u\sqrt{u}-4}{\sqrt{u}}du$

*(3) $\displaystyle\int\frac{y+1}{y^2}dy$　　(4) $\displaystyle\int(z\sqrt{z}+1)^2dz$

180 次の不定積分を求めよ。 ▶教p.131例4

*(1) $\displaystyle\int(2\cos x+3\sin x)dx$　　(2) $\displaystyle\int(4\sin x-3\cos x)dx$

*(3) $\displaystyle\int\frac{1+2\cos^3 x}{\cos^2 x}dx$　　(4) $\displaystyle\int(\tan^2 x+\sin x)dx$

181 次の不定積分を求めよ。 ▶教p.131例5

*(1) $\displaystyle\int(5e^x+4x)dx$　　(2) $\displaystyle\int(3e^x-5^x)dx$

SPIRAL B

182 次の不定積分を求めよ。

(1) $\displaystyle\int\frac{e^{2x}-1}{e^x-1}dx$　　*(2) $\displaystyle\int\frac{x-1}{\sqrt{x}+1}dx$

*(3) $\displaystyle\int(1-\tan\theta)\cos\theta\,d\theta$　　(4) $\displaystyle\int\frac{1+\cos^2\theta}{1-\sin^2\theta}d\theta$

***183** 次の問いに答えよ。

(1) 関数 $y=\dfrac{1}{\tan x}$ を微分せよ。　(2) 不定積分 $\displaystyle\int\frac{1}{\sin^2 x}dx$ を求めよ。

2 置換積分法

▶教p.132〜p.137

1 置換積分法

$x=g(t)$ のとき　$\int f(x)dx=\int f(g(t))g'(t)dt$

2 $f(ax+b)$ の不定積分

$F'(x)=f(x)$, $a\neq 0$ のとき　$\int f(ax+b)dx=\frac{1}{a}F(ax+b)+C$

3 $f(g(x))g'(x)$ の不定積分

$g(x)=t$ のとき　$\int f(g(x))g'(x)dx=\int f(t)dt$

4 $\frac{g'(x)}{g(x)}$ の不定積分

$\int\frac{g'(x)}{g(x)}dx=\log|g(x)|+C$

SPIRAL A

*184 次の不定積分を求めよ。 ▶教p.133例6

(1) $\int(2x-5)^4dx$　　(2) $\int(3x+5)^5dx$

*185 次の不定積分を求めよ。 ▶教p.133例6

(1) $\int\sqrt{3x-2}\,dx$　　(2) $\int\sqrt[3]{2x+5}\,dx$

186 次の不定積分を求めよ。 ▶教p.133例題1

(1) $\int x(x-5)^4dx$　　*(2) $\int 4x(2x-3)^5dx$

(3) $\int(x-1)(x-2)^2dx$　　*(4) $\int(2x+3)(2x+5)^3dx$

187 次の不定積分を求めよ。 ▶教p.134例題2

*(1) $\int x\sqrt{2x-1}\,dx$　　(2) $\int(x-2)\sqrt[3]{x+2}\,dx$

*(3) $\int\frac{3x-2}{\sqrt{1-x}}dx$　　(4) $\int\frac{x^2}{\sqrt{x-2}}dx$

188 次の不定積分を求めよ。 ▶教p.135例7

*(1) $\displaystyle\int\frac{1}{5x+3}dx$　(2) $\displaystyle\int\sin(2x+5)dx$

(3) $\displaystyle\int\frac{1}{\cos^2(3x+4)}dx$　*(4) $\displaystyle\int e^{4x+5}dx$

(5) $\displaystyle\int 5^{4x+3}dx$　(6) $\displaystyle\int(e^x+e^{-x})^2dx$

***189** 次の不定積分を求めよ。 ▶教p.136例題3

(1) $\displaystyle\int(3x^2+x-2)^4(6x+1)dx$　(2) $\displaystyle\int\frac{x^3}{(x^4+1)^2}dx$

(3) $\displaystyle\int(3x^2-1)\sqrt{x^3-x+2}\,dx$　(4) $\displaystyle\int\sin^3x\cos x\,dx$

(5) $\displaystyle\int\frac{\log(x+1)}{x+1}dx$　(6) $\displaystyle\int\frac{e^{2x}}{e^x-1}dx$

190 次の不定積分を求めよ。 ▶教p.137例題4

(1) $\displaystyle\int\frac{2x}{x^2-1}dx$　*(2) $\displaystyle\int\frac{6x+9}{x^2+3x+1}dx$

*(3) $\displaystyle\int\frac{\sin x+\cos x}{\sin x-\cos x}dx$　(4) $\displaystyle\int\frac{e^x-e^{-x}}{e^x+e^{-x}}dx$

SPIRAL B

191 $\cos^3x=\cos^2x\cdot\cos x=(1-\sin^2x)\cos x$ であることを用いて不定積分 $\displaystyle\int\cos^3x\,dx$ を求めよ。

192 $\log x+1=t$ とおいて，不定積分 $\displaystyle\int\frac{\log x}{x(\log x+1)^2}dx$ を求めよ。

193 次の不定積分を求めよ。

(1) $\displaystyle\int x\sqrt{5x^2+4}\,dx$　(2) $\displaystyle\int\frac{\sin^3x}{1+\cos x}dx$　(3) $\displaystyle\int\frac{e^x}{e^x+e^{-x}}dx$

3 部分積分法

1 部分積分法

▶教p.138〜p.139

$$\int f(x)g'(x)\,dx = f(x)g(x) - \int f'(x)g(x)\,dx$$

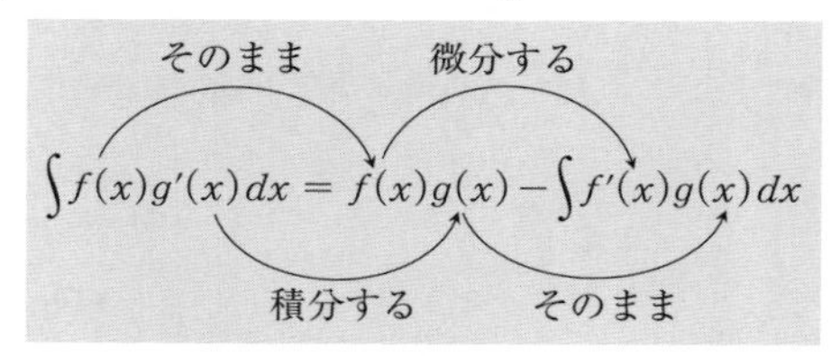

SPIRAL A

194 次の不定積分を求めよ。 ▶教p.138例8

*(1) $\int x\sin 3x\,dx$　(2) $\int (2x+1)\cos x\,dx$　(3) $\int \frac{x-1}{\cos^2 x}\,dx$

195 次の不定積分を求めよ。 ▶教p.139例題5

*(1) $\int (3x+2)e^x\,dx$　(2) $\int xe^{-x}\,dx$

*(3) $\int 4xe^{-2x}\,dx$　(4) $\int (2-x)e^{3x}\,dx$

SPIRAL B

196 次の不定積分を求めよ。 ▶教p.139応用例題1

*(1) $\int x^3\log x\,dx$　(2) $\int \frac{\log x}{x^2}\,dx$

*(3) $\int (4x+3)\log x\,dx$　(4) $\int \log(x+3)\,dx$

197 次の不定積分を求めよ。 ▶教p.138例8

*(1) $\int x\cos^2 x\,dx$　(2) $\int x\tan^2 x\,dx$

198 次の不定積分を求めよ。 ▶教p.139応用例題1

*(1) $\int \sqrt{x}\log x\,dx$　(2) $\int x\log(x^2+1)\,dx$　(3) $\int \log(1-x)\,dx$

SPIRAL C

部分積分法を2回使う不定積分 [1]

例題 20 不定積分 $\int x^2\sin x\,dx$ を求めよ。

解
$$\int x^2\sin x\,dx=\int x^2(-\cos x)'dx$$
$$=x^2(-\cos x)-\int (x^2)'(-\cos x)\,dx$$
$$=-x^2\cos x+\int 2x\cos x\,dx$$
$$=-x^2\cos x+2\int x(\sin x)'dx$$
$$=-x^2\cos x+2\left\{x\sin x-\int (x)'\sin x\,dx\right\}$$
$$=-x^2\cos x+2\left(x\sin x-\int \sin x\,dx\right)$$
$$=-x^2\cos x+2(x\sin x+\cos x)+C$$
$$=\mathbf{2x\sin x-(x^2-2)\cos x+C}$$ 答

199 次の不定積分を求めよ。

(1) $\int x^2\cos x\,dx$　(2) $\int x^2e^x\,dx$　(3) $\int (\log x)^2\,dx$

部分積分法を2回使う不定積分 [2]

例題 21 不定積分 $\int e^x\cos x\,dx$ を求めよ。

解
$$\int e^x\cos x\,dx=\int (e^x)'\cos x\,dx=e^x\cos x-\int e^x(\cos x)'dx$$
$$=e^x\cos x-\int e^x(-\sin x)\,dx$$
$$=e^x\cos x+\int (e^x)'\sin x\,dx$$
$$=e^x\cos x+e^x\sin x-\int e^x(\sin x)'dx$$
$$=e^x\cos x+e^x\sin x-\int e^x\cos x\,dx$$

よって　$2\int e^x\cos x\,dx=e^x(\sin x+\cos x)$

したがって　$\int e^x\cos x\,dx=\mathbf{\frac{1}{2}e^x(\sin x+\cos x)+C}$ 答

200 次の不定積分を求めよ。

(1) $\int e^x\sin x\,dx$　(2) $\int e^x\cos 2x\,dx$　(3) $\int \frac{\sin x}{e^x}\,dx$

4　いろいろな関数の不定積分

▶教p.140〜p.142

1 分数関数の不定積分

(1)（分子の次数）<（分母の次数）となるように変形する。

(2) $\dfrac{mx+n}{(x+\alpha)(x+\beta)}=\dfrac{a}{x+\alpha}+\dfrac{b}{x+\beta}$ とおいて，a，b を求め，部分分数に分解する。

2 三角関数に関する不定積分

2倍角の公式から得られる次の公式や積を和・差に直す公式を用いて次数を下げる。

$\sin^2\alpha=\dfrac{1-\cos2\alpha}{2}$，　$\cos^2\alpha=\dfrac{1+\cos2\alpha}{2}$，　$\sin\alpha\cos\alpha=\dfrac{\sin2\alpha}{2}$

$\sin\alpha\cos\beta=\dfrac{1}{2}\{\sin(\alpha+\beta)+\sin(\alpha-\beta)\}$，$\cos\alpha\sin\beta=\dfrac{1}{2}\{\sin(\alpha+\beta)-\sin(\alpha-\beta)\}$，

$\cos\alpha\cos\beta=\dfrac{1}{2}\{\cos(\alpha+\beta)+\cos(\alpha-\beta)\}$，$\sin\alpha\sin\beta=-\dfrac{1}{2}\{\cos(\alpha+\beta)-\cos(\alpha-\beta)\}$

SPIRAL A

201 次の不定積分を求めよ。 ▶教p.140例9

*(1) $\displaystyle\int\frac{2x+7}{x+3}dx$　　(2) $\displaystyle\int\frac{6x-5}{2x-1}dx$

(3) $\displaystyle\int\frac{4x^2-5x-3}{x-2}dx$　　*(4) $\displaystyle\int\frac{6x^2-2x+1}{3x+2}dx$

202 $\dfrac{1}{(x-3)(x-1)}=\dfrac{a}{x-3}+\dfrac{b}{x-1}$ を満たす定数 a，b を求めよ。

また，この結果を利用して不定積分 $\displaystyle\int\frac{1}{(x-3)(x-1)}dx$ を求めよ。

▶教p.141例題6

203 次の不定積分を求めよ。

(1) $\displaystyle\int\frac{1}{(x+1)(x+2)}dx$　　(2) $\displaystyle\int\frac{x}{(x+2)(x+4)}dx$

(3) $\displaystyle\int\frac{2}{x^2-1}dx$　　(4) $\displaystyle\int\frac{x}{2x^2-3x+1}dx$

***204** 次の不定積分を求めよ。 ▶教p.142例10

(1) $\displaystyle\int\cos^2\frac{x}{2}dx$　　(2) $\displaystyle\int\cos5x\cos2x\,dx$

(3) $\displaystyle\int\sin4x\sin x\,dx$　　(4) $\displaystyle\int\sin3x\cos2x\,dx$

SPIRAL B

205 次の不定積分を求めよ。 ▶教p.142例10

(1) $\int(2\cos x-1)(\cos x+1)\,dx$　　(2) $\int\tan x\sin 2x\,dx$

(3) $\int\sin^4 x\,dx$　　(4) $\int\tan^4 x\,dx$

例題 22 有理化を利用した不定積分

不定積分 $\int\frac{1}{\sqrt{x+2}-\sqrt{x}}\,dx$ を求めよ。

解

$$\int\frac{1}{\sqrt{x+2}-\sqrt{x}}\,dx=\int\frac{\sqrt{x+2}+\sqrt{x}}{(\sqrt{x+2}-\sqrt{x})(\sqrt{x+2}+\sqrt{x})}\,dx$$

$$=\frac{1}{2}\int\{(x+2)^{\frac{1}{2}}+x^{\frac{1}{2}}\}\,dx=\frac{1}{2}\left\{\frac{2}{3}(x+2)^{\frac{3}{2}}+\frac{2}{3}x^{\frac{3}{2}}\right\}+C$$

$$=\boldsymbol{\frac{1}{3}\{(x+2)\sqrt{x+2}+x\sqrt{x}\}+C}$$ 答

206 不定積分 $\int\frac{2x}{\sqrt{x^2+1}-x}\,dx$ を求めよ。

SPIRAL C

例題 23 置換積分法の利用

不定積分 $\int\frac{1}{\sin x}\,dx$ を求めよ。

解

$$\int\frac{1}{\sin x}\,dx=\int\frac{\sin x}{\sin^2 x}\,dx=\int\frac{\sin x}{1-\cos^2 x}\,dx$$

$\cos x=t$ とおくと　$\frac{dt}{dx}=-\sin x$

よって

$$\int\frac{\sin x}{1-\cos^2 x}\,dx=\int\frac{-1}{1-t^2}\,dt=\int\frac{1}{(t+1)(t-1)}\,dt=\int\frac{1}{2}\left(\frac{1}{t-1}-\frac{1}{t+1}\right)dt$$

$$=\frac{1}{2}(\log|t-1|-\log|t+1|)+C=\frac{1}{2}\log\left|\frac{t-1}{t+1}\right|+C=\boldsymbol{\frac{1}{2}\log\left|\frac{\cos x-1}{\cos x+1}\right|+C}$$ 答

207 次の不定積分を求めよ。

(1) $\int\frac{1}{\cos x}\,dx$　　(2) $\int\frac{1}{e^x+1}\,dx$

ヒント　**205** (4) $\tan^2 x=\frac{1}{\cos^2 x}-1$

2節　定積分

1　定積分とその性質

▶教p.144〜p.147

1 定積分

$F'(x)=f(x)$ のとき　$\displaystyle\int_a^b f(x)\,dx=\Big[F(x)\Big]_a^b=F(b)-F(a)$

2 定積分の性質

[1] $\displaystyle\int_a^b kf(x)\,dx=k\int_a^b f(x)\,dx$　（ただし，k は定数）

[2] $\displaystyle\int_a^b \{f(x)+g(x)\}\,dx=\int_a^b f(x)\,dx+\int_a^b g(x)\,dx$

[3] $\displaystyle\int_a^b \{f(x)-g(x)\}\,dx=\int_a^b f(x)\,dx-\int_a^b g(x)\,dx$

[4] $\displaystyle\int_a^a f(x)\,dx=0$

[5] $\displaystyle\int_b^a f(x)\,dx=-\int_a^b f(x)\,dx$

[6] $\displaystyle\int_a^b f(x)\,dx=\int_a^c f(x)\,dx+\int_c^b f(x)\,dx$

3 定積分と微分

a が定数のとき　$\displaystyle\frac{d}{dx}\int_a^x f(t)\,dt=f(x)$

SPIRAL A

208 次の定積分を求めよ。 ▶教p.144例1

(1) $\displaystyle\int_{-2}^{1} x^4\,dx$　*(2) $\displaystyle\int_1^8 \sqrt[3]{x^2}\,dx$　(3) $\displaystyle\int_4^9 \frac{1}{x\sqrt{x}}\,dx$

*(4) $\displaystyle\int_1^e \frac{1}{x}\,dx$　(5) $\displaystyle\int_{\frac{\pi}{6}}^{\frac{\pi}{3}} \frac{1}{\cos^2 x}\,dx$　*(6) $\displaystyle\int_{-1}^{2} 3^x\,dx$

209 次の定積分を求めよ。 ▶教p.145例2

*(1) $\displaystyle\int_{-1}^{\sqrt{2}} (4x^3-6x^2+2x+3)\,dx$　(2) $\displaystyle\int_1^e \left(\frac{x-1}{x}\right)^2 dx$

*(3) $\displaystyle\int_1^2 \sqrt[3]{1-x^2}\,dx+\int_2^1 \sqrt[3]{1-x^2}\,dx$　(4) $\displaystyle\int_{-\frac{\pi}{6}}^{0} \tan^2 x\,dx-\int_{\frac{\pi}{3}}^{0} \tan^2 x\,dx$

210 次の定積分を求めよ。 ▶教p.146例題1

*(1) $\displaystyle\int_{\frac{\pi}{6}}^{\frac{2}{3}\pi} |\cos x|\,dx$　(2) $\displaystyle\int_{-1}^{2} |e^x-e|\,dx$

211 次の関数を x で微分せよ。 ▶教p.147例3

*(1) $\displaystyle\int_0^x (4\cos t - 3\sin t)\,dt$　　(2) $\displaystyle\int_2^x t(\log t)^2\,dt$

212 次の関数 $F(x)$ を x で微分せよ。 ▶教p.147例題2

*(1) $\displaystyle F(x) = \int_0^x (x-t)\sin 2t\,dt$　　(2) $\displaystyle F(x) = \int_{-3}^x e^{t+x}\,dt$

SPIRAL B

213 次の定積分を求めよ。 ▶教p.145例2

*(1) $\displaystyle\int_0^1 (3x-2)^4\,dx$　*(2) $\displaystyle\int_1^2 \frac{1}{4x-3}\,dx$　(3) $\displaystyle\int_0^1 3^{2x-1}\,dx$

(4) $\displaystyle\int_{-1}^2 \frac{5}{(x+2)(x-3)}\,dx$　(5) $\displaystyle\int_0^3 \frac{1}{\sqrt{x+1}-\sqrt{x}}\,dx$　(6) $\displaystyle\int_{\frac{\pi}{4}}^{\frac{\pi}{2}} \sin 3x\cos x\,dx$

例題 24　定積分を含む等式と関数の決定

次の等式を満たす関数 $f(x)$ を求めよ。 ▶教p.155思考力➕

$$f(x) = \sin x + \int_0^{\frac{\pi}{6}} f(t)\cos t\,dt$$

解　$\displaystyle\int_0^{\frac{\pi}{6}} f(t)\cos t\,dt$ は定数であるから，$\displaystyle k = \int_0^{\frac{\pi}{6}} f(t)\cos t\,dt$ とおくと

$$f(x) = \sin x + k$$

ゆえに

$$\begin{aligned} k &= \int_0^{\frac{\pi}{6}} (\sin t + k)\cos t\,dt \\ &= \int_0^{\frac{\pi}{6}} \sin t\cos t\,dt + k\int_0^{\frac{\pi}{6}} \cos t\,dt \\ &= \int_0^{\frac{\pi}{6}} \frac{1}{2}\sin 2t\,dt + k\Big[\sin t\Big]_0^{\frac{\pi}{6}} \\ &= \left[-\frac{1}{4}\cos 2t\right]_0^{\frac{\pi}{6}} + k\left(\frac{1}{2}-0\right) = \frac{1}{2}k + \frac{1}{8} \end{aligned}$$

よって，$k = \dfrac{1}{2}k + \dfrac{1}{8}$ より　$k = \dfrac{1}{4}$

したがって　$\boldsymbol{f(x) = \sin x + \dfrac{1}{4}}$ 答

214 次の等式を満たす関数 $f(x)$ を求めよ。

(1) $\displaystyle f(x) = \cos x + \int_0^{\frac{\pi}{3}} f(t)\sin t\,dt$　　(2) $\displaystyle f(x) = 1 + e^x\int_0^1 f(t)\,dt$

2 定積分の置換積分法と部分積分法

▶教p.148〜p.154

1 定積分の置換積分法

$x=g(t)$ のとき　$a=g(\alpha)$, $b=g(\beta)$　ならば

$$\int_a^b f(x)\,dx=\int_\alpha^\beta f(g(t))g'(t)\,dt$$

x	$a \to b$
t	$\alpha \to \beta$

2 偶関数と奇関数の定積分

$f(-x)=f(x)$ がつねに成り立つ関数を**偶関数**という。

$f(-x)=-f(x)$ がつねに成り立つ関数を**奇関数**という。

[1]　$f(x)$ が偶関数　ならば　$\int_{-a}^a f(x)\,dx=2\int_0^a f(x)\,dx$

[2]　$f(x)$ が奇関数　ならば　$\int_{-a}^a f(x)\,dx=0$

3 定積分の部分積分法

$$\int_a^b f(x)g'(x)\,dx=\Big[f(x)g(x)\Big]_a^b-\int_a^b f'(x)g(x)\,dx$$

SPIRAL A

215 次の定積分を求めよ。 ▶教p.148例4

(1) $\int_0^1 (3x-1)^4\,dx$　　(2) $\int_5^{10}\left(\frac{1}{5}x-3\right)^5 dx$

216 次の定積分を求めよ。 ▶教p.149例題3

*(1) $\int_1^2 4x(2x-3)^3\,dx$　　(2) $\int_2^3 x\sqrt{x-2}\,dx$　　(3) $\int_{-1}^1 \frac{x}{(x+2)^2}\,dx$

217 次の定積分を求めよ。

(1) $\int_0^{\frac{\pi}{3}} \sin^2 x\cos x\,dx$　　(2) $\int_0^1 \frac{e^{2x}}{e^x+1}\,dx$

218 次の定積分を求めよ。 ▶教p.150例題4

(1) $\int_0^{\frac{1}{2}} \sqrt{1-x^2}\,dx$　　*(2) $\int_0^1 \sqrt{2-x^2}\,dx$　　(3) $\int_2^{2\sqrt{3}} \frac{1}{\sqrt{16-x^2}}\,dx$

219 次の関数のうち，偶関数はどれか。また，奇関数はどれか。 ▶教p.152例5

①　x^3　　②　$2x^4-x^2$　　③　$\cos 2x$　　④　$\sin 2x-1$

220 次の定積分を求めよ。 ▶教p.153例6

*(1) $\int_{-3}^3 (5x^3-2x^2+3x+4)\,dx$　　*(2) $\int_{-\frac{\pi}{6}}^{\frac{\pi}{6}} (\sin x+2\cos x+3\tan x)\,dx$

221 次の定積分を求めよ。 ▶教p.154例7

(1) $\displaystyle\int_0^{\pi} x\sin 2x\,dx$　　*(2) $\displaystyle\int_0^{\frac{\pi}{4}} \frac{x}{\cos^2 x}\,dx$

(3) $\displaystyle\int_0^{\frac{1}{3}} xe^{3x}\,dx$　　*(4) $\displaystyle\int_1^2 x^2\log x\,dx$

SPIRAL B

222 次の定積分を求めよ。 ▶教p.151応用例題1

(1) $\displaystyle\int_{-1}^{1} \frac{1}{x^2+1}\,dx$　　*(2) $\displaystyle\int_{-2}^{2\sqrt{3}} \frac{2}{x^2+4}\,dx$

*(3) $\displaystyle\int_1^3 \frac{1}{x^2+3}\,dx$　　(4) $\displaystyle\int_{\sqrt{2}}^{\sqrt{6}} \frac{3}{x^2+2}\,dx$

223 定積分 $\displaystyle\int_1^3 \frac{1}{x^2-2x+5}\,dx$ を求めよ。 ▶教p.151応用例題1

224 次の定積分を求めよ。 ▶教p.154例7

(1) $\displaystyle\int_e^{e^2} \log x\,dx$　　(2) $\displaystyle\int_0^{e-1} \log(x+1)\,dx$

225 次の定積分を求めよ。

(1) $\displaystyle\int_{-\frac{\pi}{2}}^{\frac{\pi}{2}} \frac{\sin x}{2+\cos x}\,dx$　　(2) $\displaystyle\int_{-\frac{\pi}{6}}^{\frac{\pi}{6}} (\sin^2 x+\sin^3 x)\,dx$　　(3) $\displaystyle\int_{-e}^{e} xe^{x^2}\,dx$

***226** 次の定積分を求めよ。 ▶教p.163思考力✚

(1) $\displaystyle\int_0^1 x^2e^x\,dx$　　(2) $\displaystyle\int_1^e x(\log x)^2\,dx$　　(3) $\displaystyle\int_0^{\pi} e^{-x}\sin x\,dx$

227 次の問いに答えよ。

(1) n を2以上の整数とするとき，次の等式を証明せよ。

$$\int_0^{\frac{\pi}{2}} \sin^n x\,dx = \frac{n-1}{n}\int_0^{\frac{\pi}{2}} \sin^{n-2} x\,dx$$

(2) 定積分 $\displaystyle\int_0^{\frac{\pi}{2}} \sin^5 x\,dx$ を求めよ。

3 定積分と和の極限　4 定積分と不等式

▶教p.156〜p.161

1 定積分と和の極限

関数 $f(x)$ が，区間 $[a,\ b]$ で連続で，$\varDelta x=\dfrac{b-a}{n}$，$x_k=a+k\varDelta x$ とすると

$$\lim_{n\to\infty}\sum_{k=1}^{n}f(x_k)\varDelta x=\int_a^b f(x)\,dx$$

とくに，区間が $[0,\ 1]$ のとき

$$\lim_{n\to\infty}\sum_{k=1}^{n}\frac{1}{n}f\left(\frac{k}{n}\right)=\int_0^1 f(x)\,dx$$

2 定積分と不等式

関数 $f(x)$，$g(x)$ が，区間 $[a,\ b]$ で連続であるとき

(i)　$f(x)\geqq 0$　ならば　$\displaystyle\int_a^b f(x)\,dx\geqq 0$

等号が成り立つのは，つねに $f(x)=0$ のときに限る。

(ii)　$f(x)\geqq g(x)$　ならば　$\displaystyle\int_a^b f(x)\,dx\geqq\int_a^b g(x)\,dx$

等号が成り立つのは，つねに $f(x)=g(x)$ のときに限る。

SPIRAL A

228 次の極限値を求めよ。 ▶教p.159例題5

*(1) $\displaystyle\lim_{n\to\infty}\frac{1}{n}\left\{\left(\frac{1}{n}\right)^3+\left(\frac{2}{n}\right)^3+\left(\frac{3}{n}\right)^3+\cdots\cdots+\left(\frac{n}{n}\right)^3\right\}$

*(2) $\displaystyle\lim_{n\to\infty}\frac{1}{n}\left\{\frac{1}{\left(1+\frac{1}{n}\right)^2}+\frac{1}{\left(1+\frac{2}{n}\right)^2}+\frac{1}{\left(1+\frac{3}{n}\right)^2}+\cdots\cdots+\frac{1}{\left(1+\frac{n}{n}\right)^2}\right\}$

(3) $\displaystyle\lim_{n\to\infty}\left(\sqrt{\frac{n+1}{n^3}}+\sqrt{\frac{n+2}{n^3}}+\sqrt{\frac{n+3}{n^3}}+\cdots\cdots+\sqrt{\frac{2n}{n^3}}\right)$

(4) $\displaystyle\lim_{n\to\infty}\frac{1}{n}\left(\cos\frac{\pi}{n}+\cos\frac{2\pi}{n}+\cos\frac{3\pi}{n}+\cdots\cdots+\cos\frac{n\pi}{n}\right)$

***229** $0\leqq x\leqq\dfrac{\pi}{3}$ のとき，$1\leqq\dfrac{1}{\cos x}\leqq 2$ であることを示し，次の不等式が成り立つことを証明せよ。 ▶教p.160例題6

$$\frac{\pi}{3}<\int_0^{\frac{\pi}{3}}\frac{1}{\cos x}\,dx<\frac{2}{3}\pi$$

SPIRAL B

230 次の極限値を求めよ。 ▶教p.159例題5

(1) $\displaystyle\lim_{n\to\infty}\left(\frac{1}{n^2+1^2}+\frac{2}{n^2+2^2}+\frac{3}{n^2+3^2}+\cdots\cdots+\frac{n}{n^2+n^2}\right)$

(2) $\displaystyle\lim_{n\to\infty}\left\{\frac{n^2}{(n+1)^3}+\frac{n^2}{(n+2)^3}+\frac{n^2}{(n+3)^3}+\cdots\cdots+\frac{n^2}{(n+n)^3}\right\}$

(3) $\displaystyle\lim_{n\to\infty}\frac{1}{n}\log\left\{\left(1+\frac{1}{n}\right)\left(1+\frac{2}{n}\right)\left(1+\frac{3}{n}\right)\cdots\cdots\left(1+\frac{n}{n}\right)\right\}$

第4章　積分法

231 $0\leqq x<1$ のとき，$1\leqq\dfrac{1}{\sqrt{1-x^3}}\leqq\dfrac{1}{\sqrt{1-x^2}}$ であることを示し，次の不等式が成り立つことを証明せよ。

$$\frac{\sqrt{3}}{2}<\int_0^{\frac{\sqrt{3}}{2}}\frac{1}{\sqrt{1-x^3}}\,dx<\frac{\pi}{3}$$ ▶教p.160例題6

SPIRAL C

***232** n を自然数とするとき，次の不等式を証明せよ。

$$\frac{1}{2}\left\{1-\frac{1}{(n+1)^2}\right\}<1+\frac{1}{2^3}+\frac{1}{3^3}+\cdots\cdots+\frac{1}{n^3}$$ ▶教p.161応用例題2

233 n を2以上の整数とするとき，次の不等式を証明せよ。 ▶教p.161応用例題2

$$\frac{1}{2^2}+\frac{1}{3^2}+\frac{1}{4^2}+\cdots\cdots+\frac{1}{n^2}<1-\frac{1}{n}$$

234 次の問いに答えよ。

(1) k を自然数とするとき，次の不等式を証明せよ。

$$\frac{1}{\sqrt{k+1}}<\int_k^{k+1}\frac{1}{\sqrt{x}}\,dx<\frac{1}{\sqrt{k}}$$

(2) $1+\dfrac{1}{\sqrt{2}}+\dfrac{1}{\sqrt{3}}+\cdots\cdots+\dfrac{1}{\sqrt{100}}$ の整数部分を求めよ。

3節　積分法の応用

1　面積

▶教p.164〜p.169

1 定積分と面積

曲線 $y=f(x)$ と x 軸，および2直線 $x=a$，$x=b$ で囲まれた図形の面積 S は

(1)　区間 $[a,\ b]$ で $f(x) \geqq 0$ のとき

$$S=\int_a^b f(x)\,dx$$

(2)　区間 $[a,\ b]$ で $f(x) \leqq 0$ のとき

$$S=\int_a^b \{-f(x)\}\,dx=-\int_a^b f(x)\,dx$$

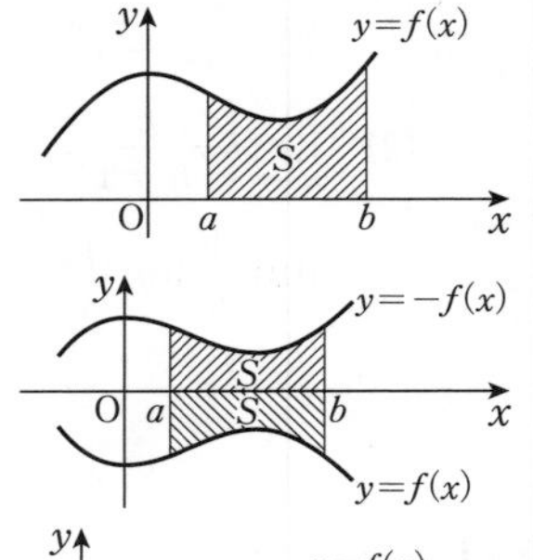

2 2曲線間の面積

区間 $[a,\ b]$ で $f(x) \geqq g(x)$ のとき，
2曲線 $y=f(x)$，$y=g(x)$，および2直線 $x=a$，$x=b$ で囲まれた図形の面積 S は

$$S=\int_a^b \{f(x)-g(x)\}\,dx$$

3 曲線 $x=g(y)$ と面積

区間 $a \leqq y \leqq b$ で $g(y) \geqq 0$ のとき，
曲線 $x=g(y)$ と y 軸，および2直線 $y=a$，$y=b$ で囲まれた図形の面積 S は

$$S=\int_a^b g(y)\,dy$$

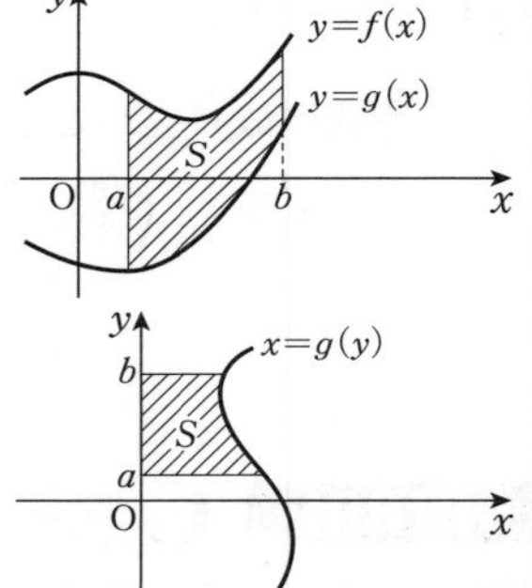

SPIRAL A

235　次の曲線や直線で囲まれた図形の面積 S を求めよ。　▶教p.164例1

(1)　$y=-x^3+2$，x 軸，$x=1$，$x=-1$

*(2)　$y=e^x+1$，x 軸，y 軸，$x=2$

(3)　$y=\sqrt{x+4}$，x 軸，y 軸

*(4)　$y=\dfrac{3}{x+1}-1$，x 軸，y 軸

236 次の曲線や直線で囲まれた図形の面積 S を求めよ。 ▶教p.165例題1

(1) $y=x(x+1)(x-2)$，x 軸

*(2) $y=\cos x$ $\left(0 \leqq x \leqq \dfrac{3}{2}\pi\right)$，$x$ 軸，y 軸

(3) $y=e^{-x}-1$，x 軸，$x=1$

*(4) $y=-\log x$，x 軸，$x=2$

237 次の曲線や直線で囲まれた図形の面積 S を求めよ。 ▶教p.166例題2

(1) 曲線 $y=\dfrac{2}{x}$，直線 $y=-x+3$

*(2) 曲線 $y=\sqrt{x+1}$，直線 $y=x+1$

*(3) 曲線 $y=-\sin x$，$y=\cos x-1$ $(0 \leqq x \leqq 2\pi)$

238 次の曲線や直線で囲まれた図形の面積 S を求めよ。 ▶教p.168例2

(1) $y=\sqrt{x}$，y 軸，$y=2$，$y=1$

*(2) $x=y^2-1$，y 軸

*(3) $y=\log(x+1)$，y 軸，$y=2$

SPIRAL B

239 次の曲線や直線で囲まれた図形の面積 S を求めよ。

(1) 曲線 $y=\sin x$，$y=\sin 2x$ $(0 \leqq x \leqq \pi)$

*(2) 曲線 $x=(y-1)^2$，直線 $x=2y-2$

*(3) 曲線 $y=(x-1)e^{-x}$，直線 $y=x-1$

240 次の楕円で囲まれた図形の面積 S を求めよ。 ▶教p.167応用例題1

(1) $\dfrac{x^2}{4}+y^2=1$　　*(2) $4x^2+3y^2=12$

***241** 円 $x^2+y^2=4$ と $y=\sqrt{3x}$ および x 軸で囲まれた図形の面積 S を求めよ。

242 媒介変数 θ で表された次の曲線と x 軸で囲まれた図形の面積 S を求めよ。

▶教p.169応用例題2

*(1)　サイクロイド $\begin{cases} x=3(\theta-\sin\theta) \\ y=3(1-\cos\theta) \end{cases}$　$(0 \leqq \theta \leqq 2\pi)$

(2)　楕円 $\begin{cases} x=2\cos\theta \\ y=6\sin\theta \end{cases}$　$(0 \leqq \theta \leqq \pi)$

243 媒介変数 t で表された次の曲線と x 軸で囲まれた図形の面積 S を求めよ。

▶教p.169応用例題2

(1)　$\begin{cases} x=t+2 \\ y=t^2-3t \end{cases}$　$(0 \leqq t \leqq 3)$　　*(2)　$\begin{cases} x=\dfrac{1}{2}t \\ y=t-\dfrac{1}{4}t^2 \end{cases}$　$(0 \leqq t \leqq 4)$

SPIRAL 

例題 25　　曲線と接線でできる図形の面積

曲線 $y=\sqrt{x}$ と，この曲線上の点 $(1,\ 1)$ における接線および y 軸で囲まれた図形の面積 S を求めよ。

解　$y=\sqrt{x}$ より，$y'=\dfrac{1}{2\sqrt{x}}$

よって，$x=1$ のとき　$y'=\dfrac{1}{2}$

ゆえに，曲線上の点 $(1,\ 1)$ における接線の方程式は，

$y-1=\dfrac{1}{2}(x-1)$　より　$y=\dfrac{1}{2}x+\dfrac{1}{2}$

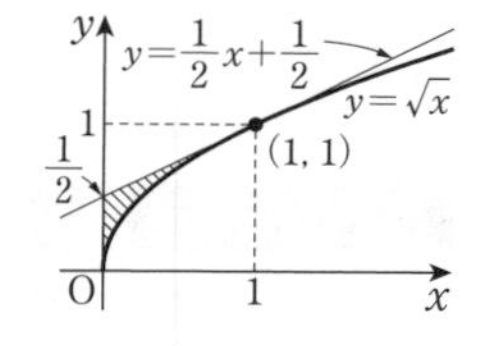

したがって，求める図形の面積 S は，右の図の斜線の部分の面積であるから

$$S=\int_0^1\left\{\left(\frac{1}{2}x+\frac{1}{2}\right)-\sqrt{x}\right\}dx=\left[\frac{1}{4}x^2+\frac{1}{2}x-\frac{2}{3}x^{\frac{3}{2}}\right]_0^1=\mathbf{\frac{1}{12}}$$ 答

別解　$y=\sqrt{x}$ より $x=y^2$　　また，接線の y 切片は $\dfrac{1}{2}$ であるから

$$S=\int_0^1 x\,dy-\frac{1}{2}\times\frac{1}{2}\times 1=\int_0^1 y^2\,dy-\frac{1}{4}=\left[\frac{1}{3}y^3\right]_0^1-\frac{1}{4}=\mathbf{\frac{1}{12}}$$ 答

244 曲線 $y=e^x$ と，曲線上の点 $(2,\ e^2)$ における接線および x 軸，y 軸で囲まれた図形の面積 S を求めよ。

245 曲線 $y=\log x$ と，原点からこの曲線に引いた接線および x 軸で囲まれた図形の面積 S を求めよ。

2 体積

▶教 p.170〜p.175

1 立体の断面積と体積

座標が x である x 軸上の点を通り，x 軸に垂直な平面で切った切り口の面積が $S(x)$ である立体の $a \leqq x \leqq b$ における体積 V は

$$V=\int_a^b S(x)\,dx$$

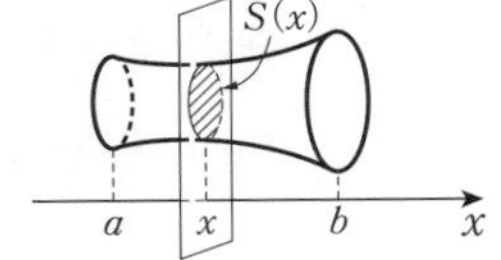

2 回転体の体積

曲線 $y=f(x)$ と x 軸および2直線 $x=a,\ x=b\ (a<b)$ で囲まれた図形を，x 軸のまわりに1回転してできる回転体の体積 V は

$$V=\pi\int_a^b y^2\,dx=\pi\int_a^b \{f(x)\}^2\,dx$$

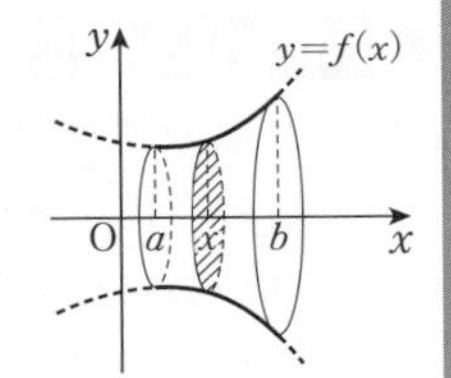

3 y 軸のまわりの回転体の体積

曲線 $x=g(y)$ と y 軸および2直線 $y=a,\ y=b\ (a<b)$ で囲まれた図形を，y 軸のまわりに1回転してできる回転体の体積 V は

$$V=\pi\int_a^b x^2\,dy=\pi\int_a^b \{g(y)\}^2\,dy$$

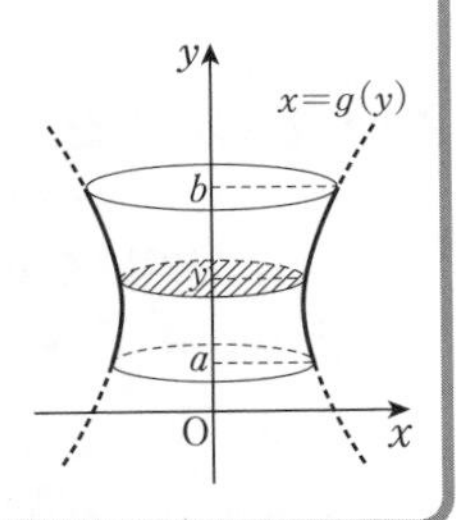

SPIRAL A

***246** 底面が1辺 a の正三角形で，高さが h の三角錐の体積 V を定積分を用いて求めよ。 ▶教 p.171 例題3

247 次の曲線および直線で囲まれた図形を，x 軸のまわりに1回転してできる回転体の体積 V を求めよ。 ▶教 p.173 例3

(1) 双曲線 $y=\dfrac{1}{x}$，x 軸，直線 $x=1$，直線 $x=3$

*(2) 曲線 $y=e^x$，x 軸，直線 $x=1$，直線 $x=2$

(3) 放物線 $y=x^2-1$，x 軸

*(4) 曲線 $y=\cos x\ \left(-\dfrac{\pi}{2} \leqq x \leqq \dfrac{\pi}{2}\right)$，$x$ 軸

第4章 積分法

248 次の図形を，y 軸のまわりに1回転してできる回転体の体積 V を求めよ。

▶教p.175例4

*(1) 曲線 $y=\sqrt{x-1}$ と x 軸，y 軸および直線 $y=1$ で囲まれた図形

(2) 放物線 $y=x^2-4$ と x 軸で囲まれた図形

*(3) 曲線 $y=\log x$ と x 軸，y 軸および直線 $y=2$ で囲まれた図形

(4) 楕円 $\dfrac{x^2}{4}+y^2=1$ で囲まれた図形

SPIRAL B

***249** 底面の周が円 $x^2+y^2=1$ で表される立体がある。この立体を x 軸に垂直な平面で切ったときの断面はつねに正三角形であるという。この立体の体積 V を求めよ。

▶教p.172応用例題3

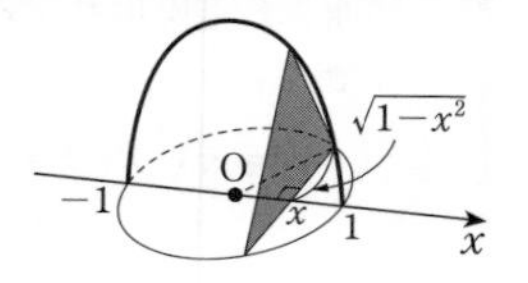

250 次の図形を，x 軸のまわりに1回転してできる回転体の体積 V を求めよ。

▶教p.174応用例題4

(1) 放物線 $y=x^2$ と直線 $y=2x$ で囲まれた図形

*(2) 円 $x^2+(y-2)^2=1$ で囲まれた図形

*(3) 2曲線 $y=\sin x$，$y=\sin 2x$ $\left(0\leqq x\leqq\dfrac{\pi}{3}\right)$ で囲まれた図形

251 曲線 $y=2\cos x$ $\left(-\dfrac{\pi}{2}\leqq x\leqq\dfrac{\pi}{2}\right)$ と直線 $y=1$ で囲まれた図形を D とするとき，図形 D を次の直線のまわりに1回転してできる立体の体積 V を求めよ。

▶教p.174応用例題4

(1) x 軸　　　　*(2) 直線 $y=1$

***252** 曲線 $y=e^x$ とこの曲線に原点から引いた接線および y 軸で囲まれた図形を，x 軸のまわりに1回転してできる立体の体積を V_x，y 軸のまわりに1回転してできる立体の体積を V_y とする。このとき，V_x および V_y を求めよ。

ヒント　**249** x 軸上の点 $(x,\ 0)$ で切ったときの断面は，1辺 $2\sqrt{1-x^2}$ の正三角形。

SPIRAL C

x 軸をまたぐ図形の回転体の体積

例題 26　放物線 $C : y = x^2 - 2x$ と直線 $l : y = 2 - x$ で囲まれた図形を，x 軸のまわりに1回転してできる立体の体積 V を求めよ。

考え方　次のような手順で考える。

① 放物線 C と直線 l の交点の x 座標から，積分区間を考える。

② x 軸に関して放物線 C と対称な放物線 C' を考え，C' と l との位置関係から積分区間を分ける。

解　放物線 C と直線 l の交点の x 座標は

$$x^2 - 2x = 2 - x$$

$$x^2 - x - 2 = 0$$

より　$x = -1,\ 2$

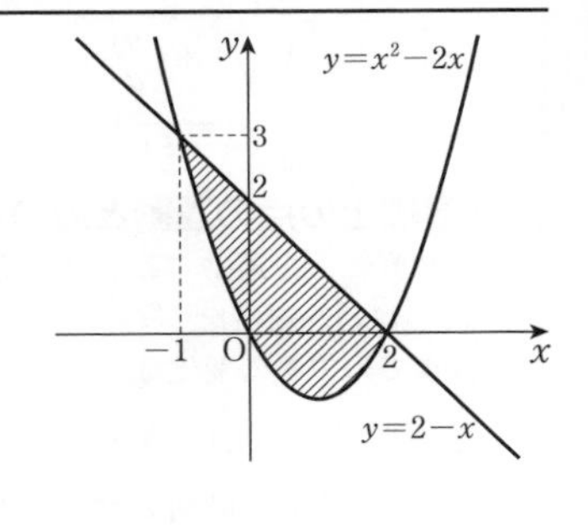

よって，放物線 C と直線 l で囲まれた図形は右の上の図の斜線部分である。

また，x 軸に関して放物線 C と対称な放物線 $C' : y = -x^2 + 2x$ と直線 l の交点の x 座標は

$$-x^2 + 2x = 2 - x$$

$$x^2 - 3x + 2 = 0$$

より　$x = 1,\ 2$

求める立体の体積 V は，右の下の図より

(i)　$-1 \leqq x \leqq 0$ では

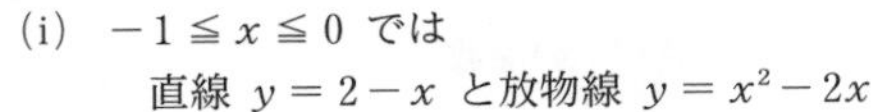

直線 $y = 2 - x$ と放物線 $y = x^2 - 2x$

(ii)　$0 \leqq x \leqq 1$ では

直線 $y = 2 - x$ と x 軸

(iii)　$1 \leqq x \leqq 2$ では

放物線 $y = -x^2 + 2x$ と x 軸

で囲まれた図形を x 軸のまわりに1回転してできる立体の体積である。

よって

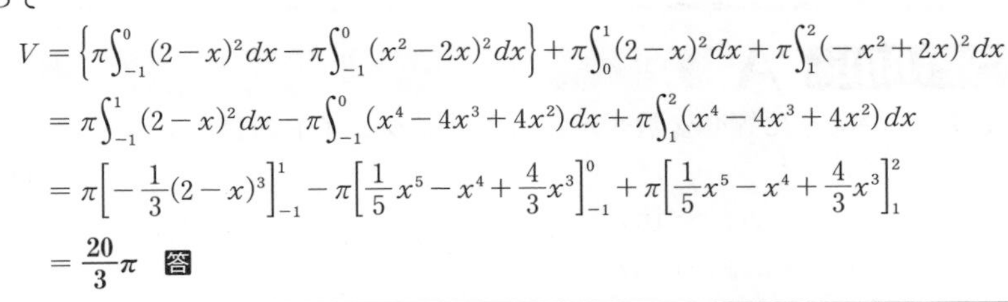

$$V = \left\{\pi\int_{-1}^{0}(2-x)^2dx - \pi\int_{-1}^{0}(x^2-2x)^2dx\right\} + \pi\int_{0}^{1}(2-x)^2dx + \pi\int_{1}^{2}(-x^2+2x)^2dx$$

$$= \pi\int_{-1}^{1}(2-x)^2dx - \pi\int_{-1}^{0}(x^4-4x^3+4x^2)\,dx + \pi\int_{1}^{2}(x^4-4x^3+4x^2)\,dx$$

$$= \pi\left[-\frac{1}{3}(2-x)^3\right]_{-1}^{1} - \pi\left[\frac{1}{5}x^5 - x^4 + \frac{4}{3}x^3\right]_{-1}^{0} + \pi\left[\frac{1}{5}x^5 - x^4 + \frac{4}{3}x^3\right]_{1}^{2}$$

$$= \frac{20}{3}\pi$$　**答**

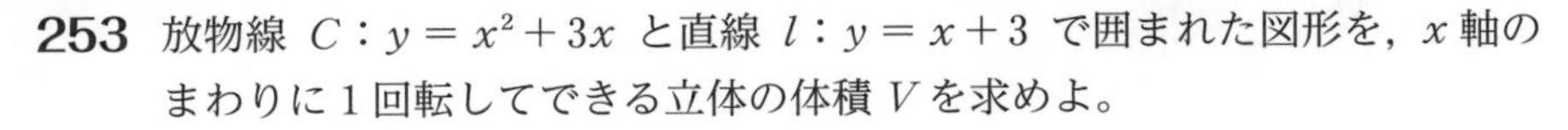

253　放物線 $C : y = x^2 + 3x$ と直線 $l : y = x + 3$ で囲まれた図形を，x 軸のまわりに1回転してできる立体の体積 V を求めよ。

3 曲線の長さと道のり

▶教p.176～p.180

1 曲線の長さ

(1)　$a \leqq t \leqq b$ において，曲線 $x=f(t)$，$y=g(t)$ の長さ L は

$$L=\int_a^b \sqrt{\left(\frac{dx}{dt}\right)^2+\left(\frac{dy}{dt}\right)^2}\,dt$$
$$=\int_a^b \sqrt{\{f'(t)\}^2+\{g'(t)\}^2}\,dt$$

(2)　$a \leqq x \leqq b$ において，曲線 $y=f(x)$ の長さ L は

$$L=\int_a^b \sqrt{1+\left(\frac{dy}{dx}\right)^2}\,dx$$
$$=\int_a^b \sqrt{1+\{f'(x)\}^2}\,dx$$

2 直線上の点の運動と道のり

数直線上を運動する点Pの時刻 t における座標を $x=f(t)$，速度を $v(t)$ とするとき，点Pの時刻 t_1 から t_2 までの位置の変化は

$$f(t_2)-f(t_1)=\int_{t_1}^{t_2} v(t)\,dt$$

また，点Pが時刻 t_1 から t_2 までの間に動いた道のり l は

$$l=\int_{t_1}^{t_2} |v(t)|\,dt$$

3 平面上の点の運動と道のり

平面上を運動する点P$(x,\ y)$ の座標が，時刻 t の関数として

$$x=f(t),\quad y=g(t)$$

で表されているとき，点Pが時刻 t_1 から t_2 までに動いた道のり l は

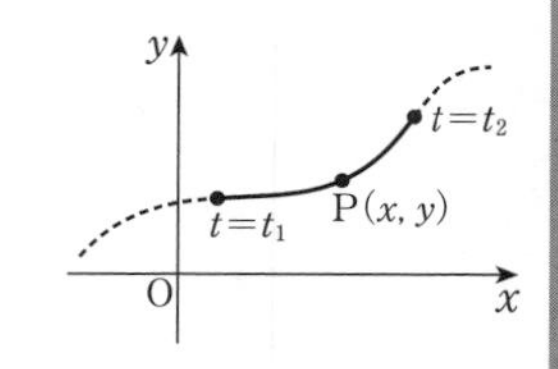

$$l=\int_{t_1}^{t_2} \sqrt{\left(\frac{dx}{dt}\right)^2+\left(\frac{dy}{dt}\right)^2}\,dt$$

SPIRAL A

***254**　次のように媒介変数表示されたサイクロイドの長さ L を求めよ。

▶教p.177例題4

$$\begin{cases} x=a(t-\sin t) \\ y=a(1-\cos t) \end{cases} \quad (0 \leqq t \leqq 2\pi,\ a>0)$$

255 次のように媒介変数表示された曲線の長さ L を求めよ。 ▶教p.177 例題4

(1) $\begin{cases} x = \dfrac{1}{2}t^2 \\ y = \dfrac{1}{3}t^3 \end{cases}$ $(0 \leqq t \leqq \sqrt{3})$　　*(2) $\begin{cases} x = e^{-t}\cos t \\ y = e^{-t}\sin t \end{cases}$ $(0 \leqq t \leqq \pi)$

(3) $\begin{cases} x = a\cos^3 t \\ y = a\sin^3 t \end{cases}$ $\left(0 \leqq t \leqq \dfrac{\pi}{2},\ a > 0\right)$

第4章 積分法

256 直線上を運動する点Pの速度 $v(t)$ が次の式で与えられているとき，(　) 内の時刻の間に点Pの動く道のりを求めよ。 ▶教p.179 例5

(1) $v(t) = 6 - 2t$　($t = 0$ から $t = 5$ まで)

*(2) $v(t) = t^2 - 3t + 2$　($t = 0$ から $t = 3$ まで)

(3) $v(t) = \cos t$　($t = 0$ から $t = \pi$ まで)

*(4) $v(t) = 1 - e^t$　($t = -1$ から $t = 1$ まで)

257 平面上を運動する点P$(x,\ y)$ の座標が，時刻 t の関数として，それぞれ次の式で与えられているとき，(　) 内の時刻の間に点Pの動く道のりを求めよ。 ⇨教p.180 例6

(1) $x = t^2,\ y = \dfrac{2}{3}t^3$　($t = 0$ から $t = \sqrt{3}$ まで)

*(2) $x = 1 - \cos 2t,\ y = \sin 2t$　($t = 0$ から $t = \pi$ まで)

SPIRAL B

258 次の曲線の長さ L を求めよ。 ▶教p.178 応用例題5

(1) $y = \dfrac{1}{3}x\sqrt{x}$　$(0 \leqq x \leqq 4)$

*(2) $y = e^{\frac{x}{2}} + e^{-\frac{x}{2}}$　$(-2 \leqq x \leqq 2)$

(3) $y = \sqrt{9 - x^2}$　$\left(0 \leqq x \leqq \dfrac{3}{2}\right)$

*(4) $y = \log(\sin x)$　$\left(\dfrac{\pi}{6} \leqq x \leqq \dfrac{\pi}{3}\right)$

思考力 PLUS 微分方程式

1 微分方程式の解 ▶教 p.184〜p.186

　無数にある微分方程式の解を任意の定数を含む形で一般的に表したものを微分方程式の**一般解**といい，任意の定数をある1つの値に定めたときの解を**特殊解**という。与えられた微分方程式の一般解を求めることを，その**微分方程式を解く**という。また，一般解に含まれる任意の定数の値を決定する条件を**初期条件**という。

2 微分方程式の解法

(1)　微分方程式 $y'=f(x)$ の解は，両辺を x で積分して

$$y=\int f(x)\,dx$$

(2)　関数 y の導関数 $\dfrac{dy}{dx}$ を含む微分方程式 $f(y)\dfrac{dy}{dx}=g(x)$ の解は，次のようにして求められる。

$$\int f(y)\,dy=\int g(x)\,dx$$

SPIRAL B

259　次の微分方程式を解け。 ▶教 p.185 例題1

(1)　$y'=2x+1$　　(2)　$y'=e^{-2x}$

(3)　$y'=\sqrt{y+2}$　　(4)　$xy'=y$

例題 27　　微分方程式

初期条件が $x=0$ のとき $y=2$ と与えられているとき，微分方程式 $y'=y$ の特殊解を求めよ。

解

与えられた微分方程式は $\dfrac{dy}{dx}=y$ と表される。

$y\neq 0$ のとき，$\dfrac{1}{y}\cdot\dfrac{dy}{dx}=1$　より　$\displaystyle\int\frac{1}{y}dy=\int dx$

よって　$\log|y|=x+C_1$　　ただし，C_1 は任意の定数

ゆえに　$y=\pm e^{x+C_1}$

$\qquad=\pm e^{C_1}e^x$

ここで，$\pm e^{C_1}=C$ とおくと

$\quad y=Ce^x$

$x=0$ のとき $y=2$ であるから

$\quad 2=Ce^0$　より　$C=2$

したがって，求める特殊解は　$\boldsymbol{y=2e^x}$　答

260 次の（　）のように初期条件が与えられた微分方程式の特殊解を求めよ。

(1)　$y' = -2y$　（$x = 0$ のとき $y = 3$）

(2)　$y' = x(y-1)$　（$x = 0$ のとき $y = 2$）

SPIRAL C

微分方程式の利用

例題 28　曲線 F は点 $(1,\ 2)$ を通り，F 上の任意の点 $\mathrm{P}(x,\ y)$ における接線が，原点Oと点Pを結ぶ線分につねに垂直であるという。この曲線 F の方程式を求めよ。

解　点Pにおける接線の傾きは $\dfrac{dy}{dx}$，線分OPの傾きは $\dfrac{y}{x}$ で，これらが垂直であるから

$xy \neq 0$ のとき　$\dfrac{dy}{dx} \cdot \dfrac{y}{x} = -1$

すなわち　$y\dfrac{dy}{dx} = -x$　より　$\displaystyle\int y\,dy = \int(-x)\,dx$

よって　$\dfrac{1}{2}y^2 = -\dfrac{1}{2}x^2 + C$　　ただし，C は任意の定数

ゆえに　$x^2 + y^2 = 2C$　……①

ここで，F が点 $(1,\ 2)$ を通ることから　$1^2 + 2^2 = 2C$　より　$2C = 5$

したがって，①より　$x^2 + y^2 = 5$

$xy = 0$ のとき，すなわち点Pの座標が $(\pm\sqrt{5},\ 0)$，$(0,\ \pm\sqrt{5})$ のときも，与えられた条件を満たすから，求める F の方程式は

　　$\boldsymbol{x^2 + y^2 = 5}$　答

261 点Oを原点として，第1象限にある曲線 F 上の任意の点Pにおける接線の傾きが直線OPの傾きの2倍であり，曲線 F は点 $(1,\ 1)$ を通るという。この曲線 F の方程式を求めよ。

262 ある都市の人口を P とする。時刻 t における人口増加率は，次の微分方程式を満たすという。

$$\frac{dP}{dt} = k(a-P)$$

この微分方程式を解き，P を求めよ。ただし，a，k は正の定数であって，$a - P > 0$ とする。

▶教 p.186例題2

解答

1 (1)

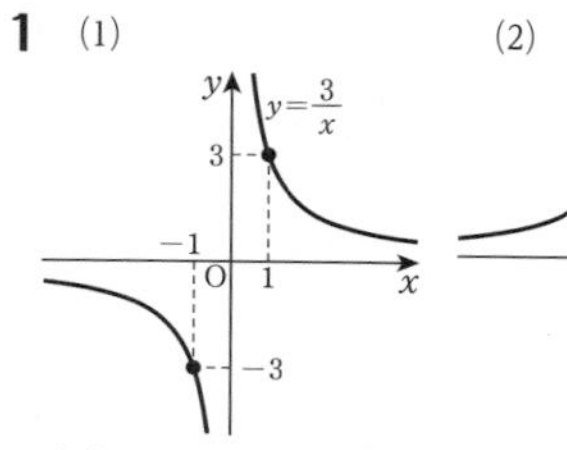

(2)

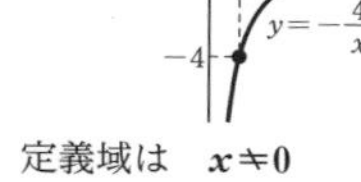

(1) 定義域は　$\boldsymbol{x \neq 0}$
値域は　$\boldsymbol{y \neq 0}$

(2) 定義域は　$\boldsymbol{x \neq 0}$
値域は　$\boldsymbol{y \neq 0}$

2

(1)

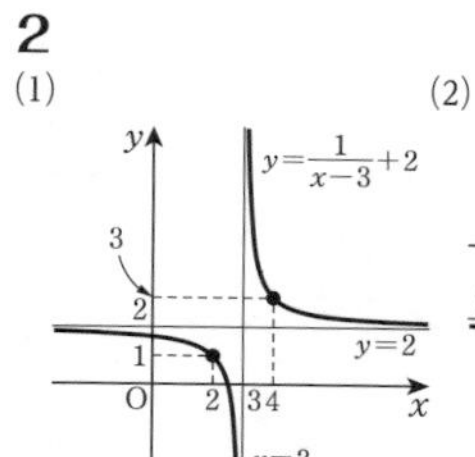

定義域は　$\boldsymbol{x \neq 3}$
値域は　$\boldsymbol{y \neq 2}$

(2)

定義域は　$\boldsymbol{x \neq -1}$
値域は　$\boldsymbol{y \neq -3}$

(3)

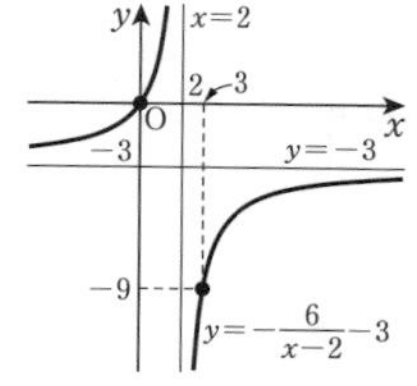

定義域は　$\boldsymbol{x \neq 2}$
値域は　$\boldsymbol{y \neq -3}$

(4)

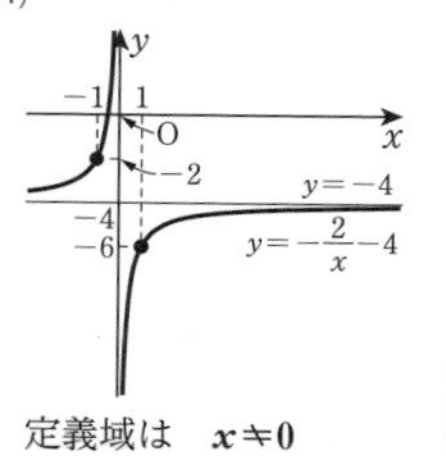

定義域は　$\boldsymbol{x \neq 0}$
値域は　$\boldsymbol{y \neq -4}$

3 (1) $\boldsymbol{y=-\frac{2}{x+2}+3}$

(2) $\boldsymbol{y=\frac{7}{x-3}+2}$

(3) $\boldsymbol{y=\frac{8}{x+2}-3}$

4 (1)

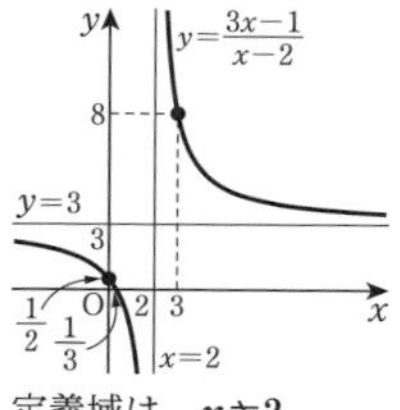

定義域は　$\boldsymbol{x \neq 2}$
値域は　$\boldsymbol{y \neq 3}$

(2)

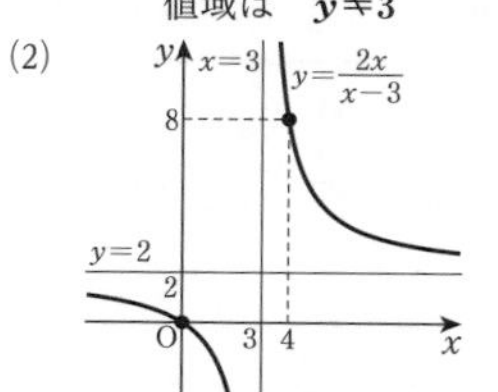

定義域は　$\boldsymbol{x \neq 3}$
値域は　$\boldsymbol{y \neq 2}$

(3)

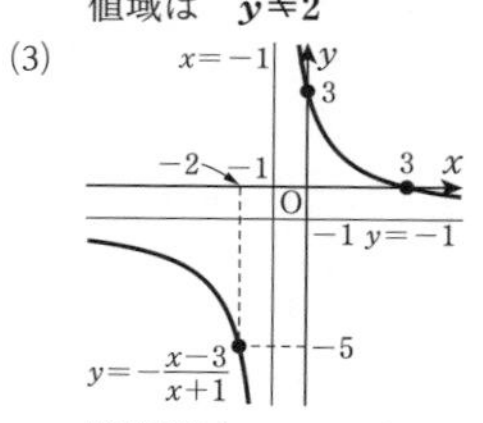

定義域は　$\boldsymbol{x \neq -1}$
値域は　$\boldsymbol{y \neq -1}$

5 (1)

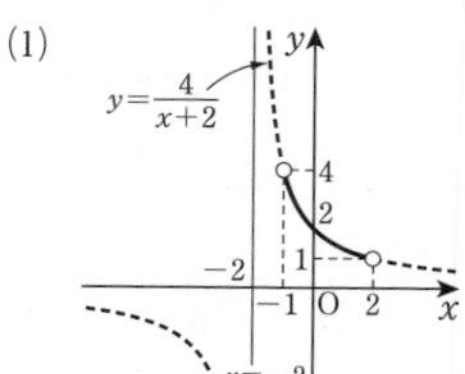

値域は　$\boldsymbol{1 < y < 4}$

(2)

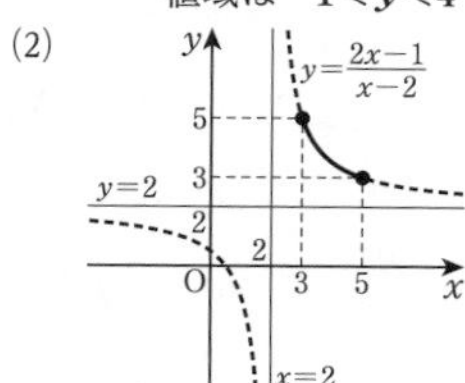

値域は　$\boldsymbol{3 \leqq y \leqq 5}$

6 (1) $(1,\ -1)$, $(4,\ 2)$

(2)

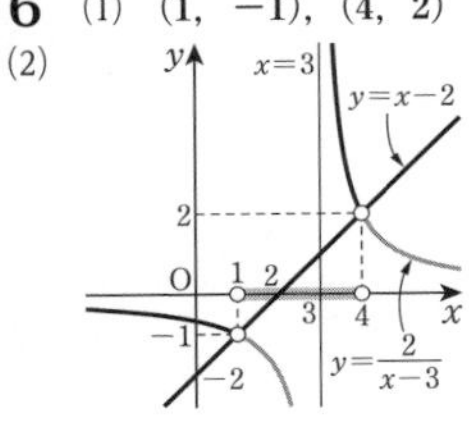

$x<1$, $3<x<4$

7 (1) $(-5,\ 2)$, $(-1,\ -2)$

(2)

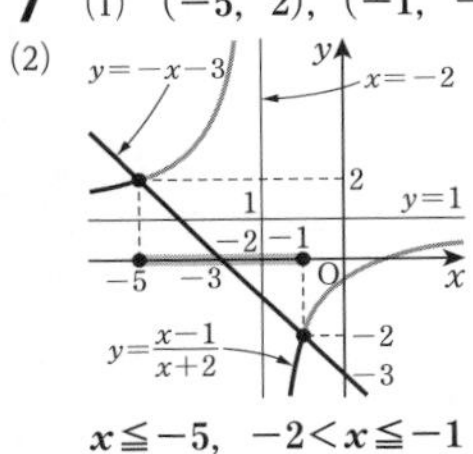

$x \leqq -5$, $-2<x \leqq -1$

8 x 軸方向に 5, y 軸方向に 2

9

(2) $y=\sqrt{-5x}$ (1) $y=\sqrt{5x}$

(4) $y=-\sqrt{-5x}$ (3) $y=-\sqrt{5x}$

(1) 定義域 $x \geqq 0$ 値域 $y \geqq 0$
(2) 定義域 $x \leqq 0$ 値域 $y \geqq 0$
(3) 定義域 $x \geqq 0$ 値域 $y \leqq 0$
(4) 定義域 $x \leqq 0$ 値域 $y \leqq 0$

10 (1)

$y=\sqrt{x-3}$

定義域 $x \geqq 3$ 値域 $y \geqq 0$

(2)

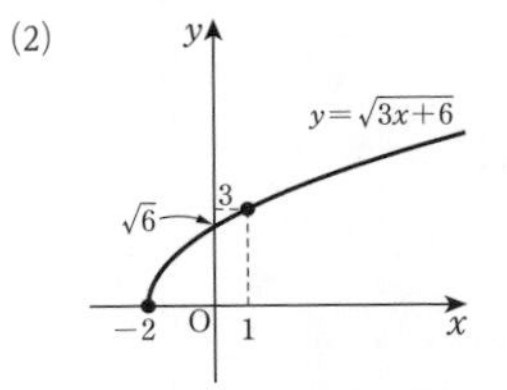

定義域 $x \geqq -2$ 値域 $y \geqq 0$

(3)

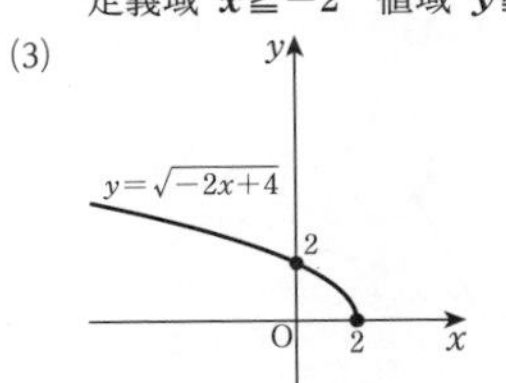

定義域 $x \leqq 2$ 値域 $y \geqq 0$

(4)

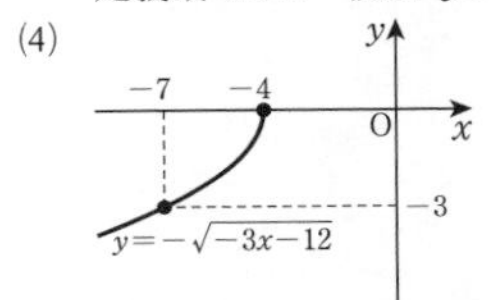

定義域 $x \leqq -4$ 値域 $y \leqq 0$

11 (1)

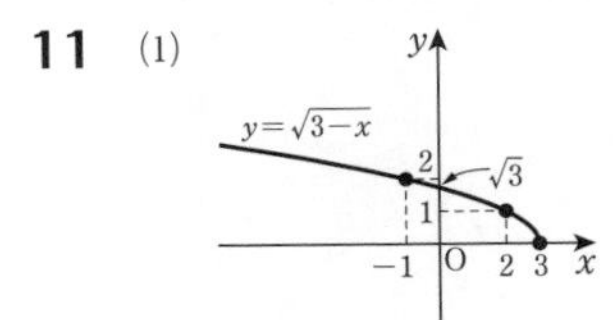

(2)

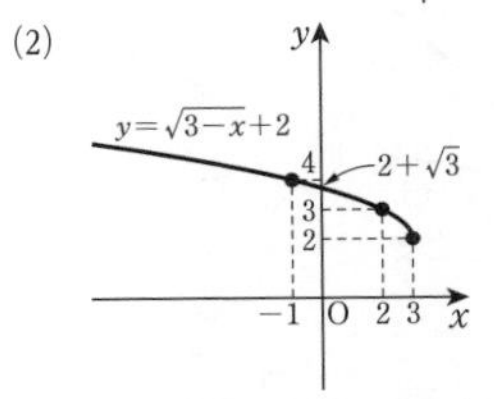

(3) ①の定義域は $x \leqq 3$, 値域は $y \geqq 0$
②の定義域は $x \leqq 3$, 値域は $y \geqq 2$

12 (1)

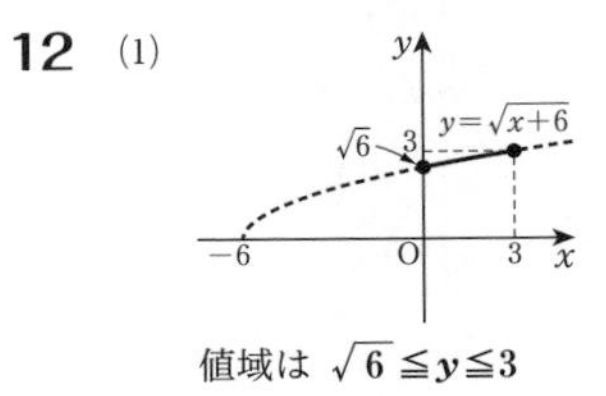

値域は $\sqrt{6} \leqq y \leqq 3$

(2)

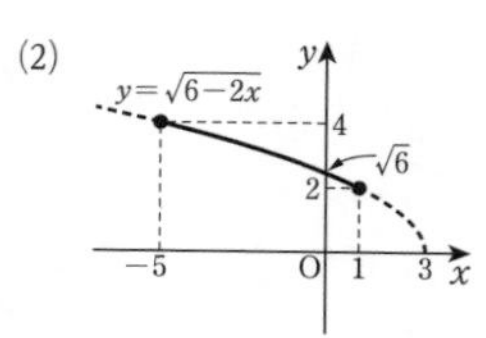

値域は $2 \leqq y \leqq 4$

13 (1) (1, 0), (2, 1)
(2) (−1, 2)

14 (1)

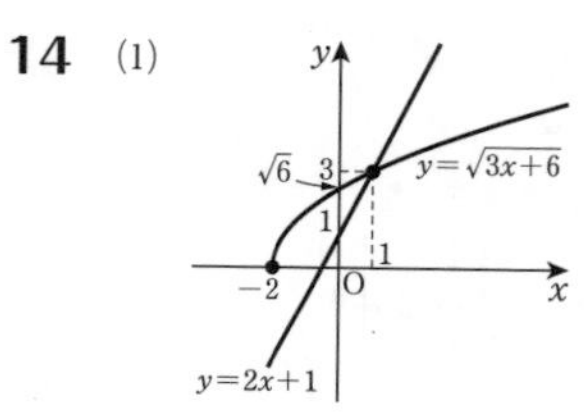

$x=1$

(2)

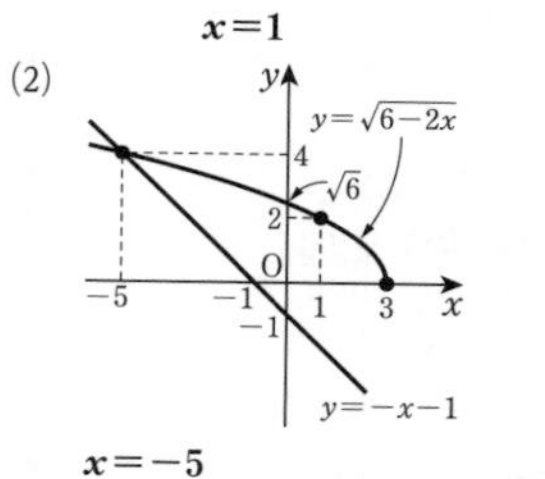

$x=-5$

15 (1) (3, 2)
(2)

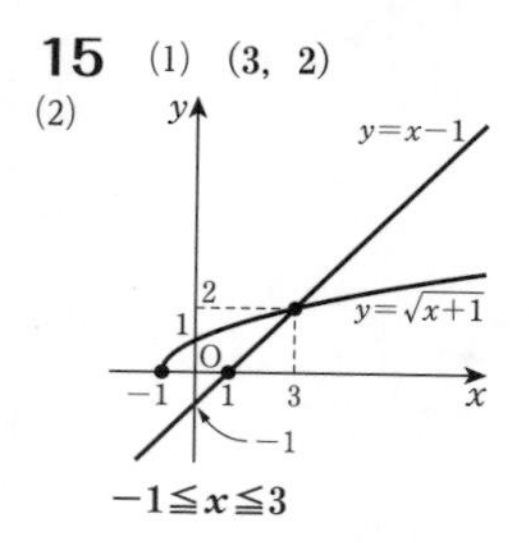

$-1 \leqq x \leqq 3$

16 (1)

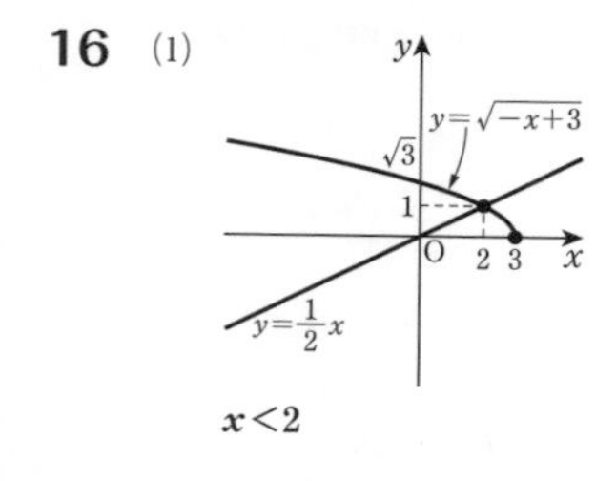

$x<2$

(2)

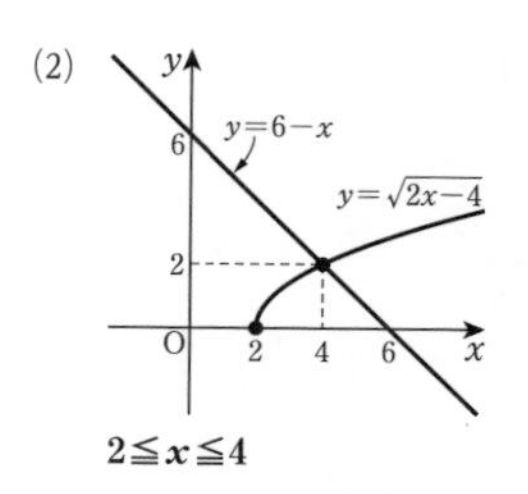

$2 \leqq x \leqq 4$

17 $a=7$

18 $a=-9$

19 (1) $y=2x-8$
(2) $y=\dfrac{2}{x}-1$

20 (1)

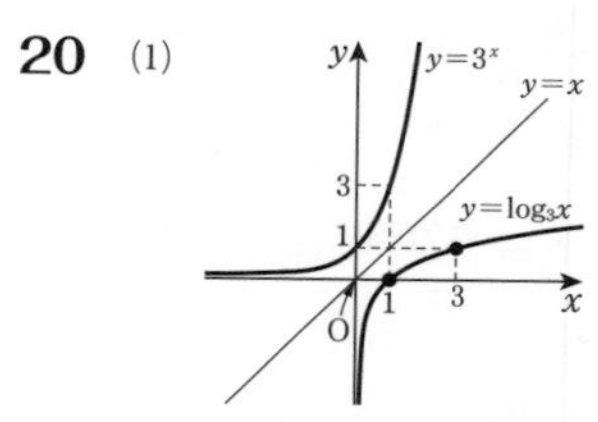

$y=\log_3 x$

(2)

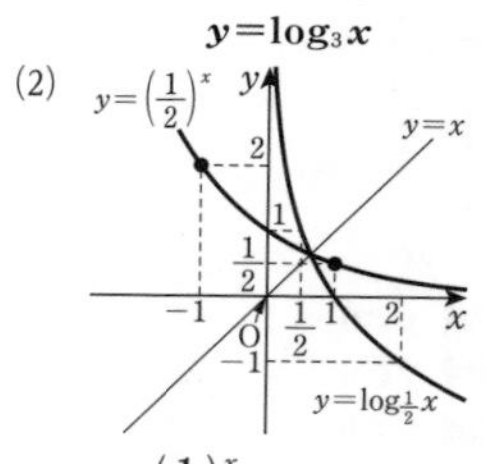

$y=\left(\dfrac{1}{2}\right)^x$

(3)

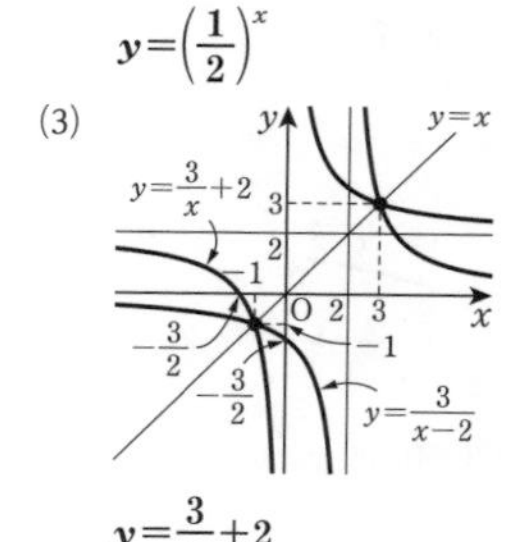

$y=\dfrac{3}{x}+2$

21 (1)

$y=\sqrt{\dfrac{1}{2}x+1}$

定義域 $x \geqq -2$，値域 $y \geqq 0$

(2)

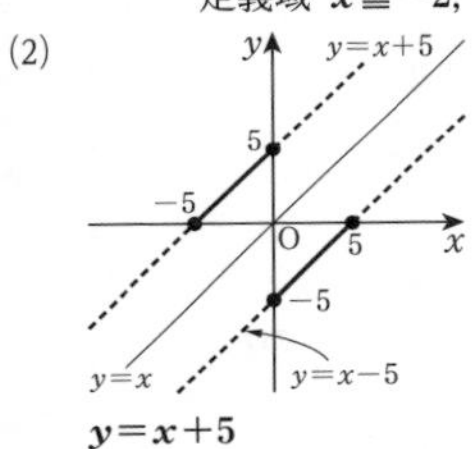

$y=x+5$

定義域 $-5 \leqq x \leqq 0$，値域 $0 \leqq y \leqq 5$

(3)

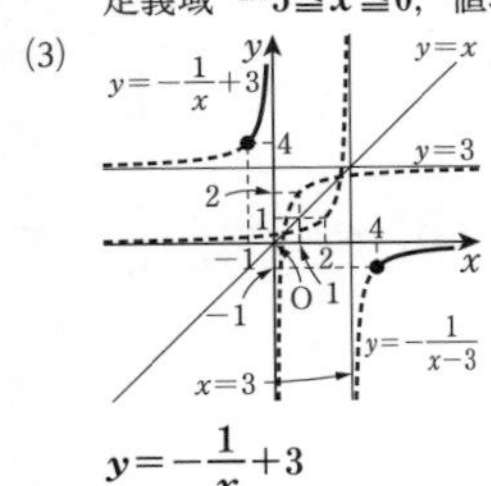

$y=-\dfrac{1}{x}+3$

定義域 $-1 \leqq x < 0$，値域 $y \geqq 4$

(4)

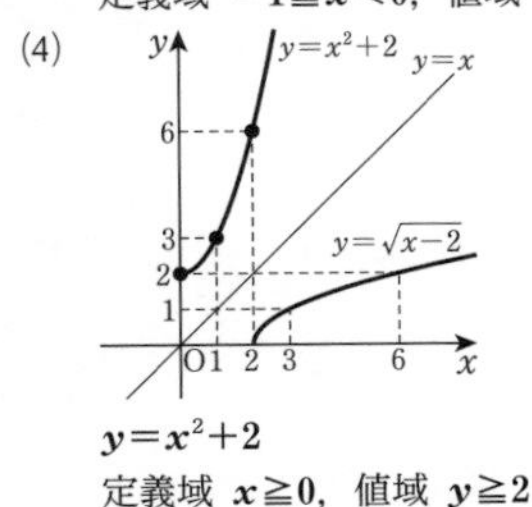

$y=x^2+2$

定義域 $x \geqq 0$，値域 $y \geqq 2$

22 (1) $(g \circ f)(x)=4x^2-12x+7$

$(f \circ g)(x)=-2x^2+7$

(2) $(g \circ f)(x)=\left(\dfrac{1}{2}\right)^{x+3}$

$(f \circ g)(x)=\left(\dfrac{1}{2}\right)^{x}+3$

23 (1) $f^{-1}(x)=\dfrac{2}{x}-3$

(2) $y=\dfrac{2}{x}-3$ の値域は $y \neq -3$

これを x について解くと

$xy=2-3x$，$(y+3)x=2$

$y \neq -3$ より $x=\dfrac{2}{y+3}$

ゆえに，逆関数は $y=\dfrac{2}{x+3}$

よって $f^{-1}(x)$ の逆関数は $\dfrac{2}{x+3}$

24 (1) $(g \circ f)(x)=(x-2)^2$，値域 $y \geqq 0$

(2) $(h \circ g)(x)=\sin x^2$，値域 $-1 \leqq y \leqq 1$

(3) $(f \circ h)(x)=\sin x-2$，値域 $-3 \leqq y \leqq -1$

25 $(f \circ f)(x)=\dfrac{x-2}{-2x+5}$

26 $f(x)=-x+4$

27 $a=2$，$b=-1$，$c=3$

28 (1) 2 (2) 0 (3) $\dfrac{3}{2}$

29 (1) $-\infty$ (2) ∞ (3) 3 (4) ∞

(5) 振動し，極限はない。

(6) $-\infty$ (7) 0

(8) 振動し，極限はない。

30 (1) 3 (2) 11 (3) 0 (4) -7

31 (1) $\dfrac{2}{3}$ (2) -3 (3) -2 (4) 0

32 (1) ∞ (2) $-\infty$ (3) ∞ (4) ∞

33 (1) 0 (2) 0 (3) $\dfrac{3}{2}$ (4) $-\dfrac{4}{3}$

34 (1) $-\infty$ (2) ∞ (3) $-\dfrac{3}{2}$

(4) 0 (5) 2 (6) $\dfrac{1}{4}$

35 (1) 0 (2) 0 (3) 0 (4) 0

36 (1) 1　(2) 0

37 (1) 0　(2) ∞　(3) 0
(4) 振動し，極限はない。

38 (1) 4 (2) ∞ (3) $-\frac{1}{5}$ (4) $\frac{1}{3}$
(5) -8

39 (1) 0 (2) 0 (3) 振動し，極限はない。

40 (1) ∞　(2) $-\infty$　(3) ∞

41 (1) $\frac{1}{2}$　(2) $\frac{1}{3}$　(3) 0

42 (1) $|r|<1$ のとき，-1
$|r|>1$ のとき，1
(2) $|r|<1$ のとき，0
$r=1$ のとき，$\frac{1}{2}$，$r=-1$ のとき，$-\frac{1}{2}$
$|r|>1$ のとき，$\frac{1}{r}$

43 (1) $a_n=9-8\left(\frac{1}{3}\right)^{n-1}$　$\lim_{n\to\infty} a_n=9$
(2) $a_n=4-3\left(\frac{3}{4}\right)^{n-1}$　$\lim_{n\to\infty} a_n=4$
(3) $a_n=2+\left(-\frac{1}{2}\right)^{n-2}$　$\lim_{n\to\infty} a_n=2$

44 (1) $-1<x\leqq 0$
$x=0$ のとき 1，$-1<x<0$ のとき 0
(2) $-1\leqq x<\frac{1}{3}$
$x=-1$ のとき 1，$-1<x<\frac{1}{3}$ のとき 0

45 (1) $\frac{1}{6}$　(2) $\frac{1}{12}$

46 (1) 収束し，和は $\frac{3}{2}$
(2) 収束し，和は $\frac{27}{5}$
(3) 発散する。
(4) 収束し，和は $4\sqrt{2}-4$
(5) 収束し，和は $-\frac{1}{9}$
(6) 収束し，和は $\frac{2+\sqrt{2}}{2}$

47 (1) $-\frac{1}{2}<x<\frac{1}{2}$
和は $\frac{1}{1-2x}$
(2) $-3<x<3$
和は $\frac{9}{3+x}$
(3) $0\leqq x<2$
$x=0$ のとき，和は 0
$0<x<2$ のとき，和は $\frac{x}{2-x}$
(4) $-\sqrt{2}<x<\sqrt{2}$
$x=0$ のとき，和は 0
$-\sqrt{2}<x<0$，$0<x<\sqrt{2}$ のとき，
和は $\frac{x}{2-x^2}$

48 (1) $\frac{7}{2}$ (2) $\frac{4}{3}$ (3) $\frac{1}{10}$ (4) $-\frac{5}{6}$

49 $\lim_{n\to\infty}\frac{2n-1}{2n}=1$ より，数列 $\left\{\frac{2n-1}{2n}\right\}$ は 0 に収束しない。
よって，無限級数
$\frac{1}{2}+\frac{3}{4}+\frac{5}{6}+\cdots\cdots+\frac{2n-1}{2n}+\cdots\cdots$
は発散する。

50 (1) 収束し，その和は 1
(2) 収束し，その和は $\frac{1}{2}$
(3) 発散する。

51 a^2

52 点 $\left(\frac{1}{1+k^2},\ \frac{k}{1+k^2}\right)$

53 (1) $\frac{1}{2}$　(2) $\frac{4}{3}$

54 (1) -1 (2) $\sqrt{3}$ (3) 1 (4) 2

55 (1) -1　(2) $\frac{1}{2}$

56 (1) 8 (2) -5 (3) $\frac{6}{7}$ (4) $\frac{2}{3}$

57 (1) $\frac{1}{6}$ (2) 6 (3) 10 (4) $-\frac{1}{4}$

58 (1) ∞ (2) ∞ (3) $-\infty$

59 (1) ∞ (2) $-\infty$ (3) $-\infty$

60 (1) 4 (2) -4

61 (1) $-\frac{3}{2}$ (2) $\frac{3}{2}$ (3) 極限はない。

62 (1) 0 (2) 0
(3) 0 (4) 0 (5) 0

63 (1) 1
(2) -2
(3) 0 (4) $-\infty$

64 (1) ∞ (2) ∞
(3) ∞ (4) $-\infty$

65 $a=2$, $b=-2$

66 (1) $a=-2$, 極限値は -4
(2) $a=2$, 極限値は $\frac{1}{4}$

67 (1) $\frac{1}{2}$ (2) $\frac{1}{2}$
(3) ∞ (4) $\frac{1}{2}$

68 $a=b=1$

69 (1) ∞ (2) 0 (3) ∞
(4) ∞ (5) ∞ (6) $-\infty$

70 (1) 0 (2) -1 (3) 0
(4) 0 (5) 1 (6) 0

71 (1) 3 (2) 1
(3) $\frac{4}{3}$ (4) 1 (5) $\frac{1}{2}$

72 (1) ∞ (2) -1
(3) $\log_{10}2$ (4) 1

73 (1) 極限はない。(2) 極限はない。
(3) 極限はない。 (4) 0

74 (1) 0 (2) 0

75 (1) 2 (2) $\frac{9}{2}$
(3) 1 (4) 4

76 (1) 1 (2) $-\pi$ (3) -2

77 (1) $x=9$ で連続である。
(2) $x=9$ で連続である。

78 (1) $x=-2$ で連続でない。
(2) $x=4$ で連続でない。

79 (1) $(-\infty,\ 2)$, $(2,\ \infty)$
(2) $(-\infty,\ -1)$, $(-1,\ \infty)$
(3) $[3,\ \infty)$
(4) $(-\infty,\ -3]$, $[3,\ \infty)$
(5) $(-1,\ \infty)$ (6) $(-1,\ \infty)$

80 (1) $f(x)=3^x-4x$ とおくと，関数 $f(x)$ は区間 $[0,\ 1]$ で連続で
$f(0)=3^0-4\times 0=1>0$
$f(1)=3^1-4\times 1=-1<0$
であるから，$f(0)$ と $f(1)$ は異符号である。
よって，方程式 $f(x)=0$ すなわち，
$3^x-4x=0$ は $0<x<1$ の範囲に少なくとも1つの実数解をもつ。

(2) $f(x)=\sin x-x+1$ とおくと，関数 $f(x)$ は区間 $[0,\ \pi]$ で連続で
$f(0)=\sin 0-0+1=1>0$
$f(\pi)=\sin\pi-\pi+1=1-\pi<0$
であるから，$f(0)$ と $f(\pi)$ は異符号である。
よって，方程式 $f(x)=0$ すなわち，
$\sin x-x+1=0$ は $0<x<\pi$ の範囲に少なくとも1つの実数解をもつ。

81 $a=2$, $b=1$

82 $x=0$ で連続でない。

83 $x<-1,\ -1<x$

84 (1) -2　(2) $-\frac{1}{2}$

85 (1) $\lim_{h\to+0}\frac{f(-1+h)-f(-1)}{h}$

$=\lim_{h\to+0}\frac{|h|}{h}=\lim_{h\to+0}\frac{h}{h}=1$

$\lim_{h\to-0}\frac{f(-1+h)-f(-1)}{h}$

$=\lim_{h\to-0}\frac{|h|}{h}=\lim_{h\to-0}\frac{-h}{h}=-1$

ゆえに，$f'(-1)$ は存在しない。

よって，$f(x)=|x+1|$ は $x=-1$ で微分可能でない。

(2) $\lim_{h\to+0}\frac{f(1+h)-f(1)}{h}=\lim_{h\to+0}\frac{|(1+h)^2-1|}{h}$

$=\lim_{h\to+0}\frac{(1+h)^2-1}{h}=\lim_{h\to+0}\frac{2h+h^2}{h}$

$=\lim_{h\to+0}(2+h)=2$

$\lim_{h\to-0}\frac{f(1+h)-f(1)}{h}=\lim_{h\to-0}\frac{|(1+h)^2-1|}{h}$

$=\lim_{h\to-0}\frac{1-(1+h)^2}{h}=\lim_{h\to-0}\frac{-2h-h^2}{h}$

$=\lim_{h\to-0}(-2-h)=-2$

ゆえに，$f'(1)$ は存在しない。

よって，$f(x)=|x^2-1|$ は $x=1$ で微分可能でない。

86 (1) $\frac{1}{2\sqrt{x-1}}$　(2) $-\frac{2}{(2x+1)^2}$

87 (1) $-12x^2+3$　(2) $8x^3-9x^2+5$

88 (1) $18x^2-2x+11$
(2) $12x^3+9x^2+2x-2$

89 (1) $-\frac{2}{(2x-3)^2}$　(2) $\frac{-x^2-2}{(x^2-2)^2}$
(3) $-\frac{4x}{(x^2-1)^2}$　(4) $\frac{-6x^2+30x+2}{(3x^2+1)^2}$

90 (1) $-\frac{6}{x^3}$　(2) $\frac{20}{3x^5}$
(3) $6x-\frac{6}{x^4}$　(4) $1-\frac{2}{x^2}+\frac{2}{x^3}$

91 (1) $6x^2+2x-13$
(2) $24x^3-33x^2+18x-11$

92 (1) $\frac{x^2-2x+5}{(x-1)^2}$
(2) $\frac{x^4+x^2+2x+2}{(x^2+1)^2}$

93 (1) 微分可能でない。
(2) 微分可能である。

94 $\frac{nx^{n+1}-(n+1)x^n+1}{(1-x)^2}$

95 (1) $-2f'(a)$
(2) $-f'(a)$

96 $a=-1,\ b=2$

97 (1) $6(2x+3)^2$
(2) $-27x^2(2-3x^3)^2$

98 (1) $6x^2(x^3+3)$
(2) $-4(3+4x)(2-3x-2x^2)^3$
(3) $-\frac{4}{(x-3)^5}$
(4) $-\frac{6}{(2x+5)^4}$

99 (1) $\frac{3}{5\sqrt[5]{x^2}}$
(2) $-\frac{1}{2x\sqrt{x}}$

100 (1) $\frac{3}{2\sqrt[4]{2x+3}}$
(2) $-\frac{1}{3\sqrt[3]{(5-x)^2}}$
(3) $-\frac{1}{(3x-2)\sqrt[3]{3x-2}}$
(4) $-\frac{3}{2(2x+5)\sqrt[4]{(2x+5)^3}}$

101 (1) $3\left(1+\frac{1}{x^2}\right)\left(x-\frac{1}{x}\right)^2$

(2) $\frac{1-5x^2}{(1+x^2)^4}$

(3) $\frac{2x^2+3}{\sqrt{x^2+3}}$

(4) $\frac{1}{(1-x^2)\sqrt{1-x^2}}$

102 (1) $\frac{\sqrt{3}-\sqrt{2}}{4}$

(2) $-\frac{\sqrt{2}}{2}$

103 (1) $\frac{1}{2}(\sin 8\theta-\sin 2\theta)$

(2) $-\frac{1}{2}(\cos 6\theta-\cos 4\theta)$

(3) $\frac{1}{2}(\sin 5\theta+\sin\theta)$

(4) $\frac{1}{2}(\cos 5\theta+\cos 3\theta)$

104 (1) $2\sin 4\theta\cos\theta$

(2) $2\cos 4\theta\sin 2\theta$

(3) $-2\sin 3\theta\sin\theta$

(4) $2\cos 3\theta\cos 2\theta$

105 (1) $-3\sin 3x$

(2) $4\sin^3 x\cos x$

(3) $\frac{4}{\cos^2 4x}$

(4) $\frac{\sin x}{\cos^2 x}$

106 (1) $\frac{1}{x}$

(2) $\frac{3}{3x+5}$

(3) $\frac{2}{(2x-3)\log 3}$

(4) $x^2(3\log 2x+1)$

107 (1) $\frac{3}{3x+2}$

(2) $\frac{2\cos 2x}{\sin 2x}\left(=\frac{2}{\tan 2x}\right)$

108 (1) $4e^{4x}$

(2) $2xe^{x^2}$

(3) $-2\cdot 3^{-2x}\log 3$

(4) $(1+3x)e^{3x}$

109 (1) $\sin x+\frac{\sin x}{\cos^2 x}$

(2) $-\sin x\cos(\cos x)$

(3) $\frac{1}{x^2}\sin\frac{1}{x}$

(4) $\cos^3 x-2\sin^2 x\cos x$

(5) $\frac{1}{1+\cos x}$

(6) $-\frac{\tan x}{\cos^2 x\sqrt{1-\tan^2 x}}$

110 (1) $\log_2 x+\frac{1}{\log 2}$

(2) $\frac{1-\log x}{x^2}$

(3) $\frac{4(\log x)^3}{x}$

(4) $\frac{1}{\sqrt{x^2+4}}$

111 (1) $\frac{2x-1}{x^2-x}$

(2) $\frac{2\cos x}{\sin x}$

(3) $\frac{3x^2}{(x^3+1)\log 2}$

(4) $\frac{2}{\cos x}$

112 (1) $e^{\sin x}\cos x$

(2) $\frac{2e^{2x}}{3(\sqrt[3]{1+e^{2x}})^2}$

(3) $3^x(\log 3\cdot\cos x-\sin x)$

(4) $\frac{(2x^2-1)e^{x^2}}{x^2}$

113 (1) $\frac{x(x-3)^2}{(x-2)^3}$

(2) $-\frac{x(7x+4)}{(x-2)^4}$

(3) $\frac{x^2+x-1}{(2x+1)\sqrt{(x^2+1)(2x+1)}}$

(4) $\frac{(17x+13)(x-1)}{3(3x+2)\sqrt[3]{3x+2}}$

114 (1) $\dfrac{4x}{3(\sqrt[3]{x^2+1})^4(\sqrt[3]{x^2-1})^2}$

(2) $\dfrac{4x}{3(\sqrt[3]{x^2+1})^4(\sqrt[3]{x^2-1})^2}$

(3) $\dfrac{4x}{3(\sqrt[3]{x^2+1})^4(\sqrt[3]{x^2-1})^2}$

115 (1) $\left(-\sin x\log x+\dfrac{1}{x}\cos x\right)x^{\cos x}$

(2) $2x^{\log x-1}\log x$

116 (1) $\dfrac{1}{e^2}$

(2) $\sqrt{e}$

117 (1) $\dfrac{dy}{dx}=-\dfrac{9x}{4y}$

(2) $\dfrac{dy}{dx}=-\dfrac{2y}{x}$

118 (1) $\dfrac{dy}{dx}=\dfrac{8}{3}t$

(2) $\dfrac{dy}{dx}=-\dfrac{3\cos t}{4\sin t}\ \left(=-\dfrac{3}{4\tan t}\right)$

119 (1) $-\dfrac{1}{4x\sqrt{x}}$ (2) $-9\cos 3x$

120 (1) $-64e^{-4x}$ (2) $-27\cos 3x$

121 (1) $\dfrac{(-1)^n n!}{x^{n+1}}$ (2) $3^x(\log 3)^n$

122 (1) $\dfrac{dy}{dx}=\dfrac{x-y}{x-3y}$

(2) $\dfrac{dy}{dx}=-\sqrt{\dfrac{y}{x}}$

123 (1) $\dfrac{dy}{dx}=\dfrac{x}{y}$

(2) $\dfrac{d^2y}{dx^2}=\dfrac{d}{dx}\left(\dfrac{dy}{dx}\right)=\dfrac{d}{dx}\left(\dfrac{x}{y}\right)$

$$=\frac{(x)'y-xy'}{y^2}$$

$$=\frac{y-x\dfrac{x}{y}}{y^2}\qquad \leftarrow y'=\frac{x}{y}$$

$$=\frac{y^2-x^2}{y^3}$$

よって，$x^2-y^2=a^2$ であるから $\dfrac{d^2y}{dx^2}=-\dfrac{a^2}{y^3}$

124 $y'=e^x\cos x-e^x\sin x$

$$\begin{aligned}y''&=(e^x\cos x-e^x\sin x)\\&\quad-(e^x\sin x+e^x\cos x)\\&=-2e^x\sin x\end{aligned}$$

よって

$$\begin{aligned}&y''-2y'+2y\\&=-2e^x\sin x-2(e^x\cos x-e^x\sin x)+2e^x\cos x\\&=-2e^x(\sin x+\cos x-\sin x-\cos x)\\&=0\end{aligned}$$

125 ［Ⅰ］ $y=(x+1)e^x$ より

$$\begin{aligned}y^{(1)}&=y'\\&=e^x+(x+1)e^x\\&=(x+2)e^x\end{aligned}$$

よって，$n=1$ のとき，①は成り立つ。

［Ⅱ］ $n=k$ のとき，①が成り立つと仮定すると

$$y^{(k)}=(x+k+1)e^x$$

この式を用いると，$n=k+1$ のとき

$$\begin{aligned}y^{(k+1)}&=(y^{(k)})'\\&=\{(x+k+1)e^x\}'\\&=e^x+(x+k+1)e^x\\&=\{x+(k+1)+1\}e^x\end{aligned}$$

よって，$n=k+1$ のときも①は成り立つ。

［Ⅰ］，［Ⅱ］から，すべての自然数 n について①が成り立つ。

126 (1) $y=\dfrac{2}{9}x+\dfrac{1}{9}$

(2) $y=-1$

(3) $y=\dfrac{\sqrt{3}}{3}x+\dfrac{4\sqrt{3}}{3}$

(4) $y=\dfrac{1}{e^2}x+1$

127 (1) $y=-\dfrac{1}{6}x+\dfrac{25}{6}$

(2) $y=-\dfrac{1}{2e^2}x+e^2+\dfrac{1}{2e^2}$

128 (1) $y=-2x+4$

(2) $y=2x-3$

129 (1) 接線の方程式は $y=-\dfrac{1}{9}x+\dfrac{2}{3}$

法線の方程式は　$y=9x-\frac{80}{3}$

(2)　接線の方程式は　$y=2ex+e$

法線の方程式は　$y=-\frac{1}{2e}x+e$

(3)　接線の方程式は　$y=-\frac{1}{2}x+\frac{\pi}{2}+1$

法線の方程式は　$y=2x-2\pi+1$

(4)　接線の方程式は　$y=3ex-2e^2$

法線の方程式は　$y=-\frac{1}{3e}x+e^2+\frac{1}{3}$

130　(1)　$y=\frac{1}{2}x+\frac{1}{2}$

(2)　$y=\frac{1}{2}x+\frac{1}{2}$，$y=\frac{1}{6}x+\frac{3}{2}$

131　(1)　$y=-\frac{\sqrt{2}}{2}x+\frac{\sqrt{2}}{2}$

(2)　$y=\frac{1}{2e}x$

132　(1)　$y=3x+4$

(2)　$y=1$

133　(1)　接線の方程式は　$y=-x+8$

法線の方程式は　$y=x$

(2)　接線の方程式は　$y=\frac{1}{2}x-\frac{\pi}{4}+1$

法線の方程式は　$y=-2x+\pi+1$

134　$a=1$，$\frac{3}{2}$，-3

135　$y=-x+4$，$y=x+4$

136　$y=-\frac{1}{2}x+\frac{1}{2}$，$y=\frac{1}{2}x+\frac{1}{2}$

137　(1)　$c=\frac{\sqrt{3}}{3}$

(2)　$c=\frac{2}{\log 2}$

(3)　$c=\log(e-1)$

(4)　$c=0$

138　(1)　$(3,\ 3)$

(2)　$\left(2,\ \frac{1}{2}\right)$

139　(1)　関数 $f(x)=\sqrt{x}$ は，$x>0$ で微分可能で $f'(x)=\frac{1}{2\sqrt{x}}$ である。

区間 $[a,\ b]$ において，平均値の定理を用いると

$\frac{\sqrt{b}-\sqrt{a}}{b-a}=\frac{1}{2\sqrt{c}}$　……①

$a<c<b$　……②

を満たす実数 c が存在する。

ここで，$0<a<b$　……③ であるから，

②，③より　$\frac{1}{2\sqrt{b}}<\frac{1}{2\sqrt{c}}<\frac{1}{2\sqrt{a}}$

よって，①より，$0<a<b$ のとき

$\frac{1}{2\sqrt{b}}<\frac{\sqrt{b}-\sqrt{a}}{b-a}<\frac{1}{2\sqrt{a}}$

(2)　関数 $f(x)=\sin x$ は，$x>0$ で微分可能で，$f'(x)=\cos x$ である。

区間 $[a,\ b]$ において，平均値の定理を用いると

$\frac{\sin b-\sin a}{b-a}=\cos c$　……①

$a<c<b$　……②

を満たす実数 c が存在する。

ここで，$0<a<b<\frac{\pi}{2}$ であるから，②より

$0<c<\frac{\pi}{2}$ で，$\cos\frac{\pi}{2}<\cos c<\cos 0$

よって　$0<\cos c<1$

ゆえに，①より

$0<\frac{\sin b-\sin a}{b-a}<1$

$b-a>0$ より　$\sin b-\sin a<b-a$

140　ak

141　(1)　$c=\sqrt{\frac{x+1}{2}}$　(2)　$\frac{1}{4}$

142　(1)　区間 $x\leqq 0$，$\frac{1}{2}\leqq x\leqq 1$ で減少

区間 $0\leqq x\leqq\frac{1}{2}$，$1\leqq x$ で増加

(2)　区間 $x\leqq 0$ で減少

区間 $0\leqq x$ で増加

(3) 区間 $x \leqq 2$ で減少
区間 $2 \leqq x$ で増加
(4) つねに増加
(5) 区間 $-2 \leqq x < -1$, $-1 < x \leqq 0$ で減少
区間 $x \leqq -2$, $0 \leqq x$ で増加
(6) 区間 $x \leqq 0$ で減少
区間 $0 \leqq x$ で増加

143 (1) $x=-1$ で極小値 $-\frac{1}{2}$, $x=3$ で極大値 $\frac{1}{6}$
(2) $x=-2$ で 極小値 $-\frac{1}{e^2}$, 極大値はない。
(3) $x=1$ で 極小値 1, 極大値はない。
(4) $x=\frac{7}{6}\pi$ で 極小値 $-\frac{3\sqrt{3}}{2}$
$x=\frac{11}{6}\pi$ で 極大値 $\frac{3\sqrt{3}}{2}$

144 (1) $x=\sqrt{e}$ で 極大値 $\frac{1}{2e}$, 極小値はない。
(2) $x=-\sqrt{2}$ で極小値 -2, $x=\sqrt{2}$ で極大値 2
(3) 極値はない
(4) $x=\frac{\pi}{6}$ で極大値 $\frac{3\sqrt{3}}{4}$, $x=\frac{5}{6}\pi$ で極小値 $-\frac{3\sqrt{3}}{4}$

145 $a=-2$, $b=\frac{5}{2}$

146 (1) $x=0$ で 極大値 0
$x=\frac{2}{5}$ で 極小値 $-\frac{3}{5}\sqrt[3]{\frac{4}{25}}$
(2) $x=-2$ で極大値 2, $x=0$ で極小値 0

147 $a=1$
$x=-1$ で極大値 -2, $x=1$ で極小値 2

148 (1) $x<1$ のとき, 上に凸, $x>1$ のとき, 下に凸
変曲点は $(1, -9)$
(2) $0<x<1$ のとき, 上に凸, $x<0$, $1<x$ のとき, 下に凸
変曲点は $(0, 5)$, $(1, -4)$
(3) $x<-2$, $2<x$ のとき, 上に凸, $-2<x<2$ のとき, 下に凸
変曲点は $(-2, -2+3\log 2)$, $(2, 2+3\log 2)$
(4) $-2<x<0$ のとき, 上に凸, $x<-2$, $0<x$ のとき, 下に凸
変曲点は $(-2, 0)$

149 (1)

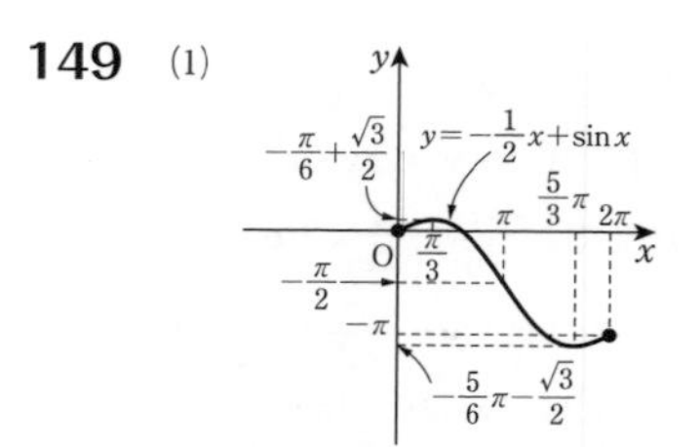

$x=\frac{\pi}{3}$ のとき 極大値 $-\frac{\pi}{6}+\frac{\sqrt{3}}{2}$
$x=\frac{5}{3}\pi$ のとき 極小値 $-\frac{5}{6}\pi-\frac{\sqrt{3}}{2}$
変曲点は $\left(\pi, -\frac{\pi}{2}\right)$

(2)

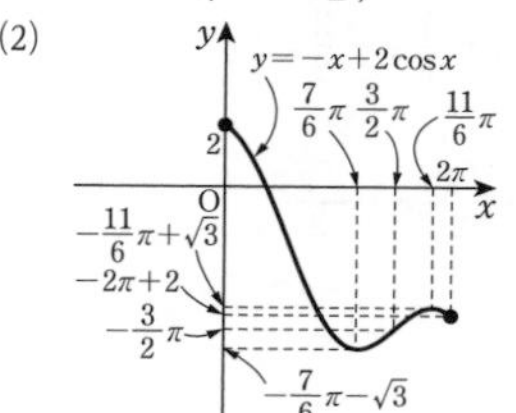

$x=\frac{11}{6}\pi$ のとき 極大値 $-\frac{11}{6}\pi+\sqrt{3}$
$x=\frac{7}{6}\pi$ のとき 極小値 $-\frac{7}{6}\pi-\sqrt{3}$
変曲点は $\left(\frac{\pi}{2}, -\frac{\pi}{2}\right)$, $\left(\frac{3}{2}\pi, -\frac{3}{2}\pi\right)$

150 (1)

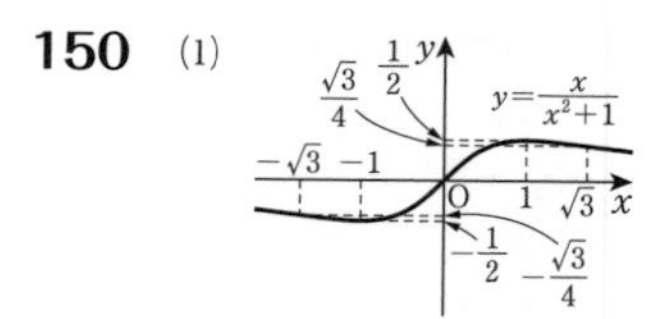

$x=1$ のとき, 極大値 $\frac{1}{2}$
$x=-1$ のとき, 極小値 $-\frac{1}{2}$
変曲点は $\left(-\sqrt{3}, -\frac{\sqrt{3}}{4}\right)$, $(0, 0)$, $\left(\sqrt{3}, \frac{\sqrt{3}}{4}\right)$

(2)

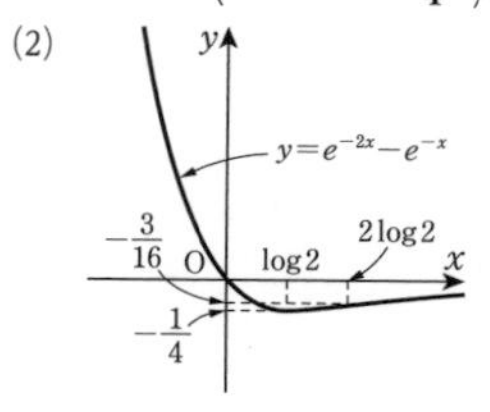

$x=\log 2$ のとき，極小値 $-\dfrac{1}{4}$

極大値はない。

変曲点は $\left(2\log 2,\ -\dfrac{3}{16}\right)$

(3)

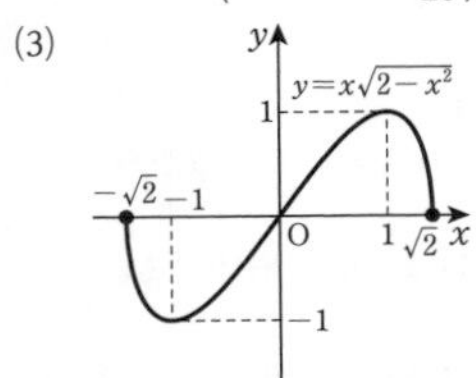

$x=1$ のとき，極大値 1

$x=-1$ のとき，極小値 -1

変曲点は $(0,\ 0)$

(4)

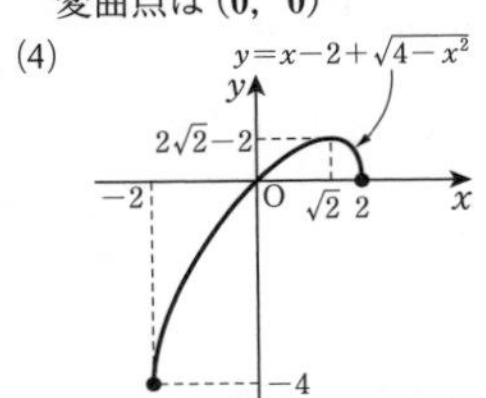

$x=\sqrt{2}$ のとき，極大値 $2\sqrt{2}-2$,

極小値はない。

変曲点は**ない。**

151 (1) $x=-1,\ 1$ で　極大値 0

$x=0$ で　極小値 -1

(2) $x=1$ で　極小値 0

(3) $x=\dfrac{\pi}{3}$ で　極小値 $\dfrac{\pi}{3}-\sqrt{3}$

$x=\dfrac{5}{3}\pi$ で　極大値 $\dfrac{5}{3}\pi+\sqrt{3}$

152 (1)

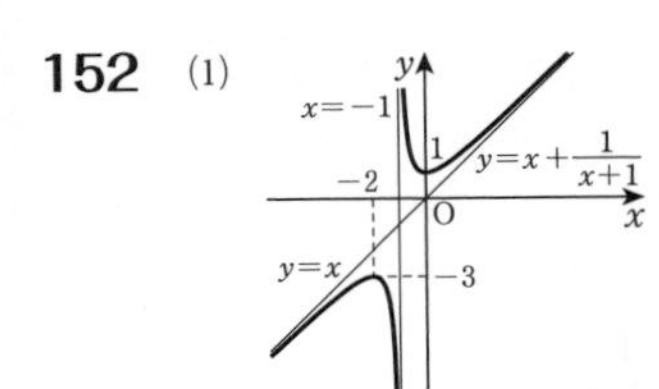

(2)

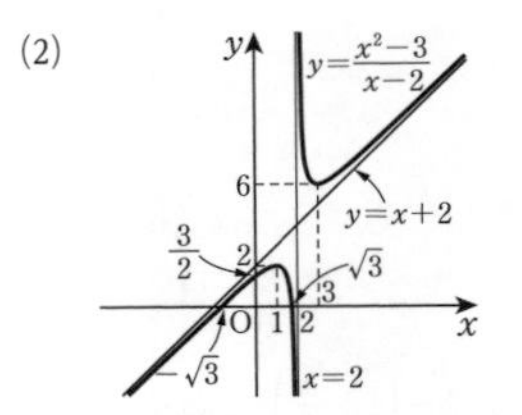

153 $a=0,\ b=-1,\ c=-2$

154 $-\dfrac{1}{2}<a<\dfrac{1}{2}$

155 $a>1$

156 $a<4$

157 (1) $x=0$ のとき　最大値 1

$x=-2$ のとき　最小値 0

(2) $x=\dfrac{\pi}{2}$ のとき　最大値 $\dfrac{\pi}{2}$

$x=\pi$ のとき　最小値 -1

(3) $x=3$ のとき　最大値 $6+\dfrac{1}{e^6}$

$x=0$ のとき　最小値 1

(4) $x=e^2$ のとき　最大値 0

$x=e$ のとき　最小値 $-e$

(5) $x=\sqrt{e}$ のとき　最大値 $\dfrac{1}{2e}$

$x=1$ のとき　最小値 0

(6) $x=0,\ \pi$ のとき　最大値 0

$x=\dfrac{\pi}{6},\ \dfrac{5}{6}\pi$ のとき　最小値 $-\dfrac{1}{2}$

158 (1) $x=2\sqrt{2}$ のとき　最大値 $2\sqrt{2}$

$x=-2$ のとき　最小値 -4

(2) $x=1+\sqrt{3}$ のとき　最大値 $\dfrac{\sqrt{3}-1}{4}$

$x=1-\sqrt{3}$ のとき　最小値 $-\dfrac{\sqrt{3}+1}{4}$

(3) $x=\dfrac{1}{e}$ のとき　最小値 $-\dfrac{1}{e}$

最大値はない

(4) $x=-2+\sqrt{5}$ のとき　最小値 $\log(2\sqrt{5}-4)$

最大値はない

159 半径は 1，高さは 2

160 $\sqrt{2}$

161 $a=e^2$

162 $a=3$

163 (1) $f(x)=\sqrt{e^x}-\left(1+\dfrac{x}{2}\right)$ とおくと

$f'(x)=\dfrac{1}{2}e^{\frac{1}{2}x}-\dfrac{1}{2}=\dfrac{1}{2}(e^{\frac{1}{2}x}-1)$

$x>0$ のとき，$e^{\frac{1}{2}x}>1$ であるから　$f'(x)>0$
ゆえに，$f(x)$ は区間 $x\geqq0$ で増加する。
よって，$x>0$ のとき
$f(x)>f(0)=1-(1+0)=0$
したがって，$\sqrt{e^x}-\left(1+\dfrac{x}{2}\right)>0$ より

$\sqrt{e^x}>1+\dfrac{x}{2}$

(2) $f(x)=\dfrac{1+x}{2}-\log(1+x)$ とおくと

$f'(x)=\dfrac{1}{2}-\dfrac{1}{1+x}=\dfrac{x-1}{2(1+x)}$

$x>1$ のとき，$f'(x)>0$
ゆえに，$f(x)$ は区間 $x\geqq1$ で増加する。
よって，$x\geqq1$ のとき

$f(x)\geqq f(1)=\dfrac{1+1}{2}-\log(1+1)$

$=1-\log2=\log\dfrac{e}{2}$

$\dfrac{e}{2}>1$ より，$\log\dfrac{e}{2}>0$

したがって，$\dfrac{1+x}{2}-\log(1+x)>0$ より

$\dfrac{1+x}{2}>\log(1+x)$

(3) $f(x)=2\sin x+\tan x-3x$ とおくと

$f'(x)=2\cos x+\dfrac{1}{\cos^2x}-3$

$=\dfrac{2\cos^3x-3\cos^2x+1}{\cos^2x}$

$=\dfrac{(\cos x-1)^2(2\cos x+1)}{\cos^2x}$

$0<x<\dfrac{\pi}{2}$ のとき，$0<\cos x<1$ であるから

$f'(x)>0$

ゆえに，$f(x)$ は区間 $0\leqq x\leqq\dfrac{\pi}{2}$ で増加する。

よって，$0<x<\dfrac{\pi}{2}$ のとき

$f(x)>f(0)=0+0-0=0$
したがって，$2\sin x+\tan x-3x>0$ より
$3x<2\sin x+\tan x$

(4) $f(x)=\sin x-\left(x-\dfrac{x^2}{2}\right)$ とおくと

$f'(x)=\cos x+x-1$
$f''(x)=-\sin x+1$
$x>0$ のとき，$-1\leqq\sin x\leqq1$ であるから
$f''(x)\geqq0$
ゆえに，$f'(x)$ は区間 $x\geqq0$ で増加する。
よって，$x>0$ のとき
$f'(x)>f'(0)=\cos0+0-1=0$
したがって，$f(x)$ は区間 $x\geqq0$ で増加する。
よって，$x>0$ のとき

$f(x)>f(0)=\sin0-0+\dfrac{0^2}{2}=0$

したがって，$\sin x-\left(x-\dfrac{x^2}{2}\right)>0$ より

$\sin x>x-\dfrac{x^2}{2}$

164 (1) $-\dfrac{\sqrt{3}}{2}-\dfrac{5}{6}\pi<a\leqq-\pi$,

$0\leqq a<\dfrac{\sqrt{3}}{2}-\dfrac{\pi}{6}$ **のとき　2個**

$a=-\dfrac{\sqrt{3}}{2}-\dfrac{5}{6}\pi$, $-\pi<a<0$, $\dfrac{\sqrt{3}}{2}-\dfrac{\pi}{6}$ **のとき　1個**

$a<-\dfrac{\sqrt{3}}{2}-\dfrac{5}{6}\pi$, $\dfrac{\sqrt{3}}{2}-\dfrac{\pi}{6}<a$ **のとき 0個**

(2) $a>0$ **のとき　3個**
$a=0$ **のとき　2個**
$a<0$ **のとき　1個**

165 $\dfrac{5}{6}\pi-\sqrt{3}<a<2$, $a=\dfrac{\pi}{6}+\sqrt{3}$

166 $a\leqq\dfrac{e^3}{27}$

167 $a>\dfrac{1}{2e}$

168 (1) $v=13$, $\alpha=6$

(2) $v=-\dfrac{\sqrt{3}}{2}\pi$, $\alpha=\dfrac{\pi^2}{2}$

169 (1) $|\vec{v}|=3\pi$, $|\vec{\alpha}|=\frac{9}{2}\pi^2$

(2) $|\vec{v}|=2\sqrt{10}$, $|\vec{\alpha}|=2$

170 (1) $f(x)=\sqrt{x+1}$ のとき

$f'(x)=\frac{1}{2\sqrt{x+1}}$

よって，x が 0 に近いとき

$\sqrt{x+1} \fallingdotseq \sqrt{0+1}+\frac{1}{2\sqrt{0+1}}x$

$=1+\frac{1}{2}x$

(2) $f(x)=(1+kx)^n$ のとき

$f'(x)=kn(1+kx)^{n-1}$

よって，x が 0 に近いとき

$(1+kx)^n \fallingdotseq (1+k\cdot 0)^n+kn(1+k\cdot 0)^{n-1}x$

$=1+knx$

171 (1) 1.003 (2) 0.98 (3) 0.099

172 (1) $\frac{1}{2}-\frac{\sqrt{3}}{360}\pi$

(2) $\frac{1}{2}+\frac{\sqrt{3}}{720}\pi$

173 (1) $t=\frac{4}{5}$ のとき 最小値 $\frac{8\sqrt{5}}{5}$

(2) $\left(\frac{57}{25}, \frac{271}{25}\right)$

174 5 m/s

175 水面の高さ h の増加の割合は $\frac{1}{3\pi}$ cm/s

水面の面積 S の増加の割合は 1 cm²/s

176 (1) $\frac{1}{5}x^5+C$

(2) $-3x^{-1}+C\ \left(=-\frac{3}{x}+C\right)$

(3) $\frac{1}{3}x^6+C$

(4) $-\frac{2}{x^2}+C$

(5) $\frac{12}{5}x^{\frac{5}{4}}+C$

(6) $\frac{3}{5}x\sqrt[3]{x^2}+C$

177 (1) $x^2+3x-4\log|x|+C$

(2) $\frac{2}{3}x^3-2x^2+3x-\log|x|+C$

(3) $3\log|x|-\frac{1}{x}+C$

(4) $x-6\log|x|-\frac{9}{x}+C$

178 (1) $\log x+\frac{2}{\sqrt{x}}+C$

(2) $\frac{2}{3}x\sqrt{x}+2\sqrt{x}+C$

(3) $x+8\sqrt{x}+4\log x+C$

(4) $2\sqrt{x}-2\log x+\frac{6}{\sqrt{x}}+C$

179 (1) $28\sqrt[4]{t}+C$

(2) $\frac{1}{2}u^2-8\sqrt{u}+C$

(3) $\log|y|-\frac{1}{y}+C$

(4) $\frac{1}{4}z^4+\frac{4}{5}z^2\sqrt{z}+z+C$

180 (1) $2\sin x-3\cos x+C$

(2) $-4\cos x-3\sin x+C$

(3) $\tan x+2\sin x+C$

(4) $\tan x-x-\cos x+C$

181 (1) $5e^x+2x^2+C$

(2) $3e^x-\frac{5^x}{\log 5}+C$

182 (1) e^x+x+C

(2) $\frac{2}{3}x\sqrt{x}-x+C$

(3) $\sin\theta+\cos\theta+C$

(4) $\tan\theta+\theta+C$

183 (1) $-\frac{1}{\sin^2 x}$

(2) $-\frac{1}{\tan x}+C$

184 (1) $\frac{1}{10}(2x-5)^5+C$

(2) $\frac{1}{18}(3x+5)^6+C$

185 (1) $\frac{2}{9}(3x-2)\sqrt{3x-2}+C$

(2) $\frac{3}{8}(2x+5)\sqrt[3]{2x+5}+C$

186 (1) $\frac{1}{6}(x-5)^5(x+1)+C$

(2) $\frac{1}{14}(2x-3)^6(4x+1)+C$

(3) $\frac{1}{12}(x-2)^3(3x-2)+C$

(4) $\frac{1}{20}(2x+5)^4(4x+5)+C$

187 (1) $\frac{1}{15}(2x-1)(3x+1)\sqrt{2x-1}+C$

(2) $\frac{3}{7}(x+2)(x-5)\sqrt[3]{x+2}+C$

(3) $-2x\sqrt{1-x}+C$

(4) $\frac{2}{15}(3x^2+8x+32)\sqrt{x-2}+C$

188 (1) $\frac{1}{5}\log|5x+3|+C$

(2) $-\frac{1}{2}\cos(2x+5)+C$

(3) $\frac{1}{3}\tan(3x+4)+C$

(4) $\frac{1}{4}e^{4x+5}+C$

(5) $\frac{5^{4x+3}}{4\log 5}+C$

(6) $\frac{1}{2}e^{2x}+2x-\frac{1}{2}e^{-2x}+C$

189 (1) $\frac{1}{5}(3x^2+x-2)^5+C$

(2) $-\frac{1}{4(x^4+1)}+C$

(3) $\frac{2}{3}(x^3-x+2)\sqrt{x^3-x+2}+C$

(4) $\frac{1}{4}\sin^4 x+C$

(5) $\frac{1}{2}\{\log(x+1)\}^2+C$

(6) $e^x+\log|e^x-1|-1+C$

190 (1) $\log|x^2-1|+C$

(2) $3\log|x^2+3x+1|+C$

(3) $\log|\sin x-\cos x|+C$

(4) $\log(e^x+e^{-x})+C$

191 $\sin x-\frac{1}{3}\sin^3 x+C$

192 $\log|\log x+1|+\frac{1}{\log x+1}+C$

193 (1) $\frac{1}{15}(5x^2+4)\sqrt{5x^2+4}+C$

(2) $\frac{1}{2}(1-\cos x)^2+C$

(3) $\frac{1}{2}\log(e^{2x}+1)+C$

194 (1) $-\frac{1}{3}x\cos 3x+\frac{1}{9}\sin 3x+C$

(2) $(2x+1)\sin x+2\cos x+C$

(3) $(x-1)\tan x+\log|\cos x|+C$

195 (1) $(3x-1)e^x+C$

(2) $-(x+1)e^{-x}+C$

(3) $-(2x+1)e^{-2x}+C$

(4) $\frac{1}{9}(7-3x)e^{3x}+C$

196 (1) $\frac{1}{4}x^4\log x-\frac{1}{16}x^4+C$

(2) $-\frac{\log x+1}{x}+C$

(3) $(2x^2+3x)\log x-(x^2+3x)+C$

(4) $(x+3)\log(x+3)-x+C$

197 (1) $\frac{1}{4}x^2+\frac{1}{4}x\sin 2x+\frac{1}{8}\cos 2x+C$

(2) $x\tan x+\log|\cos x|-\frac{1}{2}x^2+C$

198 (1) $\frac{2}{9}(3\log x-2)x\sqrt{x}+C$

(2) $\frac{1}{2}(x^2+1)\log(x^2+1)-\frac{1}{2}x^2+C$

(3) $(x-1)\log(1-x)-x+C$

199 (1) $(x^2-2)\sin x+2x\cos x+C$

(2) $(x^2-2x+2)e^x+C$

(3) $x\{(\log x)^2-2\log x+2\}+C$

200 (1) $\frac{1}{2}e^x(\sin x-\cos x)+C$

(2) $\frac{1}{5}e^x(2\sin 2x+\cos 2x)+C$

(3) $-\frac{1}{2e^x}(\sin x+\cos x)+C$

201 (1) $2x+\log|x+3|+C$
(2) $3x-\log|2x-1|+C$
(3) $2x^2+3x+3\log|x-2|+C$
(4) $x^2-2x+\frac{5}{3}\log|3x+2|+C$

202 $a=\frac{1}{2}$, $b=-\frac{1}{2}$

$\frac{1}{2}\log\left|\frac{x-3}{x-1}\right|+C$

203 (1) $\log\left|\frac{x+1}{x+2}\right|+C$

(2) $\log\frac{(x+4)^2}{|x+2|}+C$

(3) $\log\left|\frac{x-1}{x+1}\right|+C$

(4) $\log\frac{|x-1|}{\sqrt{|2x-1|}}+C$

204 (1) $\frac{1}{2}(x+\sin x)+C$

(2) $\frac{1}{14}\sin 7x+\frac{1}{6}\sin 3x+C$

(3) $-\frac{1}{10}\sin 5x+\frac{1}{6}\sin 3x+C$

(4) $-\frac{1}{10}\cos 5x-\frac{1}{2}\cos x+C$

205 (1) $\frac{1}{2}\sin 2x+\sin x+C$

(2) $x-\frac{1}{2}\sin 2x+C$

(3) $\frac{1}{32}\sin 4x-\frac{1}{4}\sin 2x+\frac{3}{8}x+C$

(4) $\frac{1}{3}\tan^3 x-\tan x+x+C$

206 $\frac{2}{3}(x^2+1)\sqrt{x^2+1}+\frac{2}{3}x^3+C$

207 (1) $\frac{1}{2}\log\left|\frac{1+\sin x}{1-\sin x}\right|+C$

(2) $x-\log(e^x+1)+C$

208 (1) $\frac{33}{5}$ (2) $\frac{93}{5}$ (3) $\frac{1}{3}$

(4) 1 (5) $\frac{2\sqrt{3}}{3}$ (6) $\frac{26}{3\log 3}$

209 (1) $5-\sqrt{2}$ (2) $e-\frac{1}{e}-2$

(3) 0 (4) $\frac{4\sqrt{3}}{3}-\frac{\pi}{2}$

210 (1) $\frac{3-\sqrt{3}}{2}$ (2) $e^2-e+\frac{1}{e}$

211 (1) $4\cos x-3\sin x$
(2) $x(\log x)^2$

212 (1) $-\frac{1}{2}\cos 2x+\frac{1}{2}$
(2) $2e^{2x}-e^{x-3}$

213 (1) $\frac{11}{5}$ (2) $\frac{1}{4}\log 5$

(3) $\frac{4}{3\log 3}$ (4) $-4\log 2$

(5) $\frac{14}{3}+2\sqrt{3}$ (6) 0

214 (1) $f(x)=\cos x+\frac{3}{4}$

(2) $f(x)=1-\frac{e^x}{e-2}$

215 (1) $\frac{11}{5}$ (2) $-\frac{105}{2}$

216 (1) $\frac{2}{5}$ (2) $\frac{26}{15}$ (3) $\log 3-\frac{4}{3}$

217 (1) $\frac{\sqrt{3}}{8}$

(2) $e-1+\log\frac{2}{e+1}$

218 (1) $\frac{2\pi+3\sqrt{3}}{24}$

(2) $\frac{\pi+2}{4}$

(3) $\frac{\pi}{6}$

219 偶関数は②と③，奇関数は①

220 (1) -12 (2) 2

221 (1) $-\frac{\pi}{2}$ (2) $\frac{\pi}{4}-\frac{1}{2}\log 2$
(3) $\frac{1}{9}$ (4) $\frac{8}{3}\log 2-\frac{7}{9}$

222 (1) $\frac{\pi}{2}$ (2) $\frac{7}{12}\pi$
(3) $\frac{\sqrt{3}}{18}\pi$ (4) $\frac{\sqrt{2}}{8}\pi$

223 $\frac{\pi}{8}$

224 (1) e^2 (2) 1

225 (1) 0
(2) $\frac{\pi}{6}-\frac{\sqrt{3}}{4}$
(3) 0

226 (1) $e-2$
(2) $\frac{1}{4}e^2-\frac{1}{4}$
(3) $\frac{1}{2e^{\pi}}+\frac{1}{2}$

227 (1) $\int_0^{\frac{\pi}{2}}\sin^n x\,dx$

$=\int_0^{\frac{\pi}{2}}(\sin^{n-1}x\cdot\sin x)\,dx$

$=\int_0^{\frac{\pi}{2}}\sin^{n-1}x(-\cos x)'\,dx$

$=\left[-\sin^{n-1}x\cdot\cos x\right]_0^{\frac{\pi}{2}}$

$\quad-\int_0^{\frac{\pi}{2}}(\sin^{n-1}x)'(-\cos x)\,dx$

$=\int_0^{\frac{\pi}{2}}(n-1)\sin^{n-2}x\cdot\cos x\cdot\cos x\,dx$

$=(n-1)\int_0^{\frac{\pi}{2}}\sin^{n-2}x\cdot\cos^2 x\,dx$

$=(n-1)\int_0^{\frac{\pi}{2}}\sin^{n-2}x(1-\sin^2 x)\,dx$

$=(n-1)\int_0^{\frac{\pi}{2}}\sin^{n-2}x\,dx-(n-1)\int_0^{\frac{\pi}{2}}\sin^n x\,dx$

よって

$n\int_0^{\frac{\pi}{2}}\sin^n x\,dx=(n-1)\int_0^{\frac{\pi}{2}}\sin^{n-2}x\,dx$ より

$\int_0^{\frac{\pi}{2}}\sin^n x\,dx=\frac{n-1}{n}\int_0^{\frac{\pi}{2}}\sin^{n-2}x\,dx$

(2) $\frac{8}{15}$

228 (1) $\frac{1}{4}$
(2) $\frac{1}{2}$
(3) $\frac{2}{3}(2\sqrt{2}-1)$ (4) 0

229 $0\leqq x\leqq\frac{\pi}{3}$ のとき

$\frac{1}{2}\leqq\cos x\leqq 1$ より $1\leqq\frac{1}{\cos x}\leqq 2$

$1\leqq\frac{1}{\cos x}$ で等号が成り立つのは，$x=0$ のときだけである。

また，$\frac{1}{\cos x}\leqq 2$ で等号が成り立つのは，$x=\frac{\pi}{3}$ のときだけである。

よって

$\int_0^{\frac{\pi}{3}}dx<\int_0^{\frac{\pi}{3}}\frac{1}{\cos x}dx<\int_0^{\frac{\pi}{3}}2\,dx$ より

$\left[x\right]_0^{\frac{\pi}{3}}<\int_0^{\frac{\pi}{3}}\frac{1}{\cos x}dx<\left[2x\right]_0^{\frac{\pi}{3}}$

したがって $\frac{\pi}{3}<\int_0^{\frac{\pi}{3}}\frac{1}{\cos x}dx<\frac{2}{3}\pi$

230
(1) $\frac{1}{2}\log 2$
(2) $\frac{3}{8}$
(3) $2\log 2-1$

231 $0\leqq x<1$ のとき，$0\leqq x^3\leqq x^2$ より
$-x^2\leqq -x^3\leqq 0$
であるから $1-x^2\leqq 1-x^3\leqq 1$
$\sqrt{1-x^2}\leqq\sqrt{1-x^3}\leqq 1$

よって

$$1 \leqq \frac{1}{\sqrt{1-x^3}} \leqq \frac{1}{\sqrt{1-x^2}}$$

等号が成り立つのは $x=0$ のときだけである。

$\frac{\sqrt{3}}{2}<1$ より

$$\int_0^{\frac{\sqrt{3}}{2}} dx < \int_0^{\frac{\sqrt{3}}{2}} \frac{1}{\sqrt{1-x^3}}\,dx < \int_0^{\frac{\sqrt{3}}{2}} \frac{1}{\sqrt{1-x^2}}\,dx$$

ここで

$$\int_0^{\frac{\sqrt{3}}{2}} dx = \Big[x\Big]_0^{\frac{\sqrt{3}}{2}} = \frac{\sqrt{3}}{2}$$

また，$\int_0^{\frac{\sqrt{3}}{2}} \frac{1}{\sqrt{1-x^2}}\,dx$ において

$x=\sin\theta$ とおくと $\frac{dx}{d\theta}=\cos\theta$

であり，x と θ の対応は右の表のようになる。

x	$0 \to \frac{\sqrt{3}}{2}$
θ	$0 \to \frac{\pi}{3}$

また，$0 \leqq \theta \leqq \frac{\pi}{3}$ のとき，

$\cos\theta>0$ であるから

$$\sqrt{1-x^2}=\sqrt{1-\sin^2\theta}$$
$$=\sqrt{\cos^2\theta}$$
$$=\cos\theta$$

よって

$$\int_0^{\frac{\sqrt{3}}{2}} \frac{1}{\sqrt{1-x^2}}\,dx$$
$$=\int_0^{\frac{\pi}{3}} \frac{1}{\cos\theta}\cdot\cos\theta\,d\theta$$
$$=\int_0^{\frac{\pi}{3}} d\theta$$
$$=\Big[\theta\Big]_0^{\frac{\pi}{3}}$$
$$=\frac{\pi}{3}$$

したがって $\frac{\sqrt{3}}{2} < \int_0^{\frac{\sqrt{3}}{2}} \frac{1}{\sqrt{1-x^3}}\,dx < \frac{\pi}{3}$

232 $x>0$ のとき，

関数 $f(x)=\frac{1}{x^3}$ は

減少関数であるから，

$k \leqq x \leqq k+1$ の範囲では

$$\frac{1}{x^3} \leqq \frac{1}{k^3}$$

この式で等号が成り立つのは

$x=k$ のときだけであるから

$\int_k^{k+1} \frac{1}{x^3}\,dx < \int_k^{k+1} \frac{1}{k^3}\,dx$ より

$$\int_k^{k+1} \frac{1}{x^3}\,dx < \int_k^{k+1} \frac{1}{k^3}\,dx \quad \cdots\cdots ①$$

①において，$k=1,\ 2,\ 3,\ \cdots\cdots,\ n$ として両辺の和を考えると

$$\sum_{k=1}^{n}\int_k^{k+1} \frac{1}{x^3}\,dx < \frac{1}{1^3}+\frac{1}{2^3}+\frac{1}{3^3}+\cdots\cdots+\frac{1}{n^3}$$

ここで左辺は

$$\sum_{k=1}^{n}\int_k^{k+1} \frac{1}{x^3}\,dx = \int_1^{n+1} \frac{1}{x^3}\,dx = \int_1^{n+1} x^{-3}\,dx$$
$$=\left[-\frac{1}{2}x^{-2}\right]_1^{n+1} = -\frac{1}{2}\left[\frac{1}{x^2}\right]_1^{n+1}$$
$$=-\frac{1}{2}\left\{\frac{1}{(n+1)^2}-1\right\}$$
$$=\frac{1}{2}\left\{1-\frac{1}{(n+1)^2}\right\}$$

よって

$$\frac{1}{2}\left\{1-\frac{1}{(n+1)^2}\right\} < 1+\frac{1}{2^3}+\frac{1}{3^3}+\cdots\cdots+\frac{1}{n^3}$$

233 $x>0$ のとき，

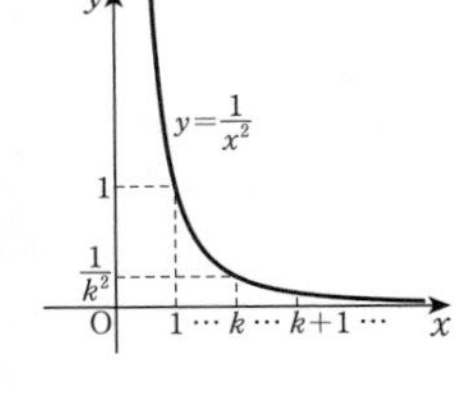

関数 $f(x)=\frac{1}{x^2}$ は

減少関数であるから，

$k \leqq x \leqq k+1$ の範囲では

$$\frac{1}{(k+1)^2} \leqq \frac{1}{x^2}$$

この式で等号が成り立つのは，$x=k+1$ のときだけであるから

$\int_k^{k+1} \frac{1}{(k+1)^2}\,dx < \int_k^{k+1} \frac{1}{x^2}\,dx$ より

$$\frac{1}{(k+1)^2} < \int_k^{k+1} \frac{1}{x^2}\,dx \quad \cdots\cdots ①$$

①において，$k=1,\ 2,\ 3,\ \cdots\cdots,\ n-1$ として両辺の和を考えると

$$\frac{1}{2^2}+\frac{1}{3^2}+\frac{1}{4^2}+\cdots+\frac{1}{n^2} < \sum_{k=1}^{n-1}\int_k^{k+1} \frac{1}{x^2}\,dx$$

ここで，右辺は

$$\sum_{k=1}^{n-1}\int_k^{k+1} \frac{1}{x^2}\,dx = \int_1^{n} \frac{1}{x^2}\,dx$$
$$=\int_1^{n} x^{-2}\,dx$$
$$=\Big[-x^{-1}\Big]_1^{n}$$
$$=\left[-\frac{1}{x}\right]_1^{n}$$
$$=1-\frac{1}{n}$$

よって

$$\frac{1}{2^2}+\frac{1}{3^2}+\frac{1}{4^2}+\cdots+\frac{1}{n^2}<1-\frac{1}{n}$$

234 (1) $k \leqq x \leqq k+1$ のとき

$$\frac{1}{\sqrt{k+1}} \leqq \frac{1}{\sqrt{x}} \leqq \frac{1}{\sqrt{k}}$$

$\frac{1}{\sqrt{k+1}} \leqq \frac{1}{\sqrt{x}}$ で等号が成り立つのは，

$x=k+1$ のときだけである。

また，$\frac{1}{\sqrt{x}} \leqq \frac{1}{\sqrt{k}}$ で等号が成り立つのは，

$x=k$ のときだけである。

よって

$$\int_k^{k+1} \frac{1}{\sqrt{k+1}}\,dx < \int_k^{k+1} \frac{1}{\sqrt{x}}\,dx < \int_k^{k+1} \frac{1}{\sqrt{k}}\,dx$$

したがって $\frac{1}{\sqrt{k+1}} < \int_k^{k+1} \frac{1}{\sqrt{x}}\,dx < \frac{1}{\sqrt{k}}$

(2) 18

235 (1) 4 (2) e^2+1

(3) $\frac{16}{3}$ (4) $3\log 3-2$

236 (1) $\frac{37}{12}$ (2) 3

(3) $\frac{1}{e}$ (4) $2\log 2-1$

237 (1) $\frac{3}{2}-2\log 2$

(2) $\frac{1}{6}$

(3) $\pi+4$

238 (1) $\frac{7}{3}$

(2) $\frac{4}{3}$

(3) e^2-3

239 (1) $\frac{5}{2}$

(2) $\frac{4}{3}$

(3) $\frac{1}{2}-\frac{1}{e}$

240 (1) 2π (2) $2\sqrt{3}\,\pi$

241 $\frac{2}{3}\pi+\frac{\sqrt{3}}{6}$

242 (1) 27π (2) 6π

243 (1) $\frac{9}{2}$

(2) $\frac{4}{3}$

244 $\frac{1}{2}e^2-1$

245 $\frac{1}{2}e-1$

246 $\frac{\sqrt{3}}{12}a^2h$

247 (1) $\frac{2}{3}\pi$

(2) $\frac{1}{2}(e^4-e^2)\pi$

(3) $\frac{16}{15}\pi$

(4) $\frac{\pi^2}{2}$

248 (1) $\frac{28}{15}\pi$ (2) 8π

(3) $\frac{1}{2}(e^4-1)\pi$ (4) $\frac{16}{3}\pi$

249 $\frac{4\sqrt{3}}{3}$

250 (1) $\frac{64}{15}\pi$

(2) $4\pi^2$

(3) $\frac{3\sqrt{3}}{16}\pi$

251 (1) $\frac{2\pi^2}{3}+\sqrt{3}\,\pi$

(2) $2\pi^2-3\sqrt{3}\,\pi$

252 $V_x=\frac{1}{6}(e^2-3)\pi$, $V_y=\frac{2}{3}(3-e)\pi$

253 $\frac{611}{30}\pi$

254 $8a$

255 (1) $\frac{7}{3}$
(2) $\sqrt{2}(1-e^{-\pi})$
(3) $\frac{3}{2}a$

256 (1) 13 (2) $\frac{11}{6}$
(3) 2 (4) $e+\frac{1}{e}-2$

257 (1) $\frac{14}{3}$
(2) 2π

258 (1) $\frac{8}{3}(2\sqrt{2}-1)$
(2) $2\left(e-\frac{1}{e}\right)$
(3) $\frac{\pi}{2}$
(4) $\log\frac{1}{2\sqrt{3}-3}$

259 (1) $y=x^2+x+C$
(2) $y=-\frac{1}{2}e^{-2x}+C$
(3) $y=\frac{1}{4}(x+C)^2-2$, $y=-2$
(4) $y=Cx$

260 (1) $y=3e^{-2x}$
(2) $y=e^{\frac{1}{2}x^2}+1$

261 $y=x^2$

262 $P=a-Ce^{-kt}$

スパイラル数学Ⅲ

本文基本デザイン——アトリエ小びん

●編　者　実教出版編修部
●発行者　小田　良次
●印刷所　寿印刷株式会社

●発行所　実教出版株式会社

〒102-8377
東京都千代田区五番町5
電話＜営業＞(03)3238-7777
＜編修＞(03)3238-7785
＜総務＞(03)3238-7700
https://www.jikkyo.co.jp/

002402024　ISBN 978-4-407-35694-6

1 微分係数

(1)微分係数　$f'(a)=\lim_{h\to 0}\frac{f(a+h)-f(a)}{h}$

(2)微分可能と連続の関係

関数 $f(x)$ は

・$f(a)$ が存在するとき，$x=a$ で微分可能である。

・$x=a$ で微分可能ならば $x=a$ で連続である。

・$x=a$ で連続であっても，$x=a$ で微分可能とは限らない。

2 導関数

(1)導関数の定義　$f'(x)=\lim_{h\to 0}\frac{f(x+h)-f(x)}{h}$

(2)導関数の公式 k，l は定数とする。

① $\{kf(x)\}'=kf'(x)$

② $\{f(x)+g(x)\}'=f'(x)+g'(x)$

③ $\{f(x)-g(x)\}'=f'(x)-g'(x)$

④ $\{f(x)g(x)\}'=f'(x)g(x)+f(x)g'(x)$

⑤ $\left\{\frac{f(x)}{g(x)}\right\}'=\frac{f'(x)g(x)-f(x)g'(x)}{\{g(x)\}^2}$

(3)合成関数の導関数

$y=f(u)$，$u=g(x)$ が，ともに微分可能であるとき

$$\frac{dy}{dx}=\frac{dy}{du}\cdot\frac{du}{dx}$$

(4)逆関数の微分法

$$\frac{dy}{dx}=\frac{1}{\frac{dx}{dy}}$$

3 基本的な関数の導関数

(1) $(c)'=0$　（c は定数）

$(x^n)'=nx^{n-1}$　（n は整数）

$(x^r)'=rx^{r-1}$　（r は有理数）

(2)三角関数の導関数

$(\sin x)'=\cos x$

$(\cos x)'=-\sin x$

$(\tan x)'=\frac{1}{\cos^2 x}$

(3)対数関数・指数関数の導関数　($a>0$，$a\neq 1$)

$(\log|x|)'=\frac{1}{x}$，　$(\log_a|x|)'=\frac{1}{x\log a}$

$(e^x)'=e^x$，　$(a^x)'=a^x\log a$

注意　$e=\lim_{h\to 0}(1+h)^{\frac{1}{h}}=2.71828\cdots\cdots$

4 媒介変数で表された関数の導関数

$\begin{cases} x=f(t) \\ y=g(t) \end{cases}$ のとき　$\frac{dy}{dx}=\frac{\frac{dy}{dt}}{\frac{dx}{dt}}=\frac{g'(t)}{f'(t)}$

5 高次導関数

$f''(x)=\{f'(x)\}'$，$f'''(x)=\{f''(x)\}'$

三角関数の公式

1 2倍角の公式・半角の公式

$\sin 2\alpha=2\sin\alpha\cos\alpha$

$\cos 2\alpha=\cos^2\alpha-\sin^2\alpha$

$=1-2\sin^2\alpha$

$=2\cos^2\alpha-1$

$\tan 2\alpha=\frac{2\tan\alpha}{1-\tan^2\alpha}$

$\sin^2\frac{\alpha}{2}=\frac{1-\cos\alpha}{2}$　　$\cos^2\frac{\alpha}{2}=\frac{1+\cos\alpha}{2}$

$\tan^2\frac{\alpha}{2}=\frac{1-\cos\alpha}{1+\cos\alpha}$

2 積 → 和の変換公式

$\sin\alpha\cos\beta=\frac{1}{2}\{\sin(\alpha+\beta)+\sin(\alpha-\beta)\}$

$\cos\alpha\sin\beta=\frac{1}{2}\{\sin(\alpha+\beta)-\sin(\alpha-\beta)\}$

$\cos\alpha\cos\beta=\frac{1}{2}\{\cos(\alpha+\beta)+\cos(\alpha-\beta)\}$

$\sin\alpha\sin\beta=-\frac{1}{2}\{\cos(\alpha+\beta)-\cos(\alpha-\beta)\}$

3 和 → 積の変換公式

$\sin A+\sin B=2\sin\frac{A+B}{2}\cos\frac{A-B}{2}$

$\sin A-\sin B=2\cos\frac{A+B}{2}\sin\frac{A-B}{2}$

$\cos A+\cos B=2\cos\frac{A+B}{2}\cos\frac{A-B}{2}$

$\cos A-\cos B=-2\sin\frac{A+B}{2}\sin\frac{A-B}{2}$

4 三角関数の合成

$a\sin\theta+b\cos\theta=\sqrt{a^2+b^2}\sin(\theta+\alpha)$

ただし，$\sin\alpha=\frac{b}{\sqrt{a^2+b^2}}$，$\cos\alpha=\frac{a}{\sqrt{a^2+b^2}}$

6 接線と法線

曲線 $y=f(x)$ 上の点
$A(a,\ f(a))$ における
接線の方程式は

$$y-f(a)=f'(a)(x-a)$$

法線の方程式は

$$y-f(a)=-\frac{1}{f'(a)}(x-a)$$

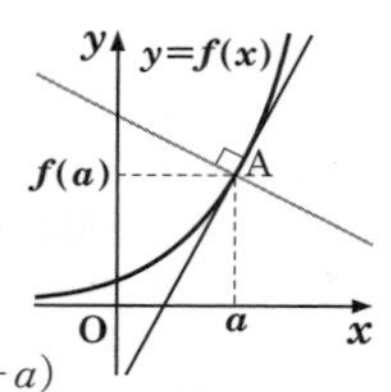

7 2次曲線と接線の方程式

	2次曲線	接線の方程式
楕円	$\frac{x^2}{a^2}+\frac{y^2}{b^2}=1$	$\frac{x_1x}{a^2}+\frac{y_1y}{b^2}=1$
双曲線	$\frac{x^2}{a^2}-\frac{y^2}{b^2}=1$	$\frac{x_1x}{a^2}-\frac{y_1y}{b^2}=1$
	$\frac{x^2}{a^2}-\frac{y^2}{b^2}=-1$	$\frac{x_1x}{a^2}-\frac{y_1y}{b^2}=-1$
放物線	$y^2=4px$	$y_1y=2p(x+x_1)$

8 平均値の定理

関数 $f(x)$ が区間 $[a,\ b]$ で連続，区間 $(a,\ b)$ で微分可能であるとき

$$\frac{f(b)-f(a)}{b-a}=f'(c),$$

$$b<c<b$$

を満たす実数 c が存在する。

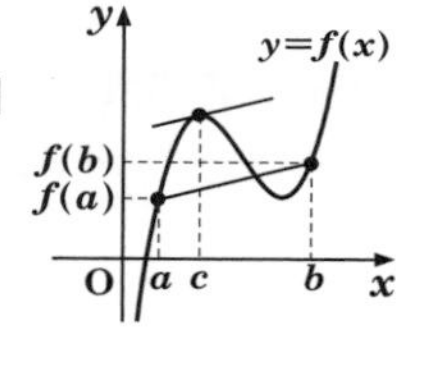

9 関数の値の変化とグラフ

(1)**関数の増減**

区間 I において，関数 $f(x)$ が微分可能であるとき，
つねに $f'(x)>0$ ならば $f(x)$ は増加する。
つねに $f'(x)<0$ ならば $f(x)$ は減少する。
つねに $f'(x)=0$ ならば $f(x)$ は定数である。

(2)**極大・極小**　$f(x)$ は連続な関数とする。

① $x=a$ を境目として，$f'(x)$ の符号が
正から負に変われば $x=a$ で極大
負から正に変われば $x=a$ で極小

② $f(x)$ が $x=a$ で微分可能であるとき，
$x=a$ で極値をとる $\Longrightarrow f'(a)=0$

(3)**曲線の凹凸**

曲線 $y=f(x)$ は，ある区間 I で

① $f''(x)>0$ ならば，曲線 $y=f(x)$ は下に凸
② $f''(x)<0$ ならば，曲線 $y=f(x)$ は上に凸

(4)**変曲点**　曲線 $y=f(x)$ について

① $f''(a)=0$ のとき，$x=a$ の前後で $f''(x)$ の符号が変わるならば，点 $(a,\ f(a))$ は曲線の変曲点。

② $f''(a)$ が存在するとき，
点 $(a,\ f(a))$ が曲線の変曲点 $\Longrightarrow f''(a)=0$

(5)**第2次導関数と極値**

関数 $f(x)$ の第2次導関数 $f''(x)$ が連続であるとき，
[1] $f'(a)=0,\ f''(a)<0$ ならば $f(a)$ は極大値
[2] $f'(a)=0,\ f''(a)>0$ ならば $f(a)$ は極小値

10 速度と加速度

①数直線上を運動する点Pの座標 x が，時刻 t の関数として $x=f(t)$ で表されるとき，点Pの時刻 t における速度 v，加速度 α は

$$v=\frac{dx}{dt}=f'(t),\qquad \alpha=\frac{dv}{dt}=\frac{d^2x}{dt^2}=f''(t)$$

②座標平面上を運動する点Pの座標 $(x,\ y)$ が，時刻 t の関数であるとき，点Pの時刻 t における速度 $\vec{v}$，加速度 $\vec{\alpha}$ は

$$\vec{v}=\left(\frac{dx}{dt},\ \frac{dy}{dt}\right),\qquad \vec{\alpha}=\left(\frac{d^2x}{dt^2},\ \frac{d^2y}{dt^2}\right)$$

11 近似式

・$|h|$ が十分小さいとき　$f(a+h)\fallingdotseq f(a)+f'(a)h$
・$|x|$ が十分小さいとき　$f(x)\fallingdotseq f(0)+f'(0)x$

1 不定積分，定積分　$F'(x)=f(x)$ とする。

(1) $\int f(x)\,dx=F(x)+C$　(C は積分定数)

(2) $\int_a^b f(x)\,dx=\Big[F(x)\Big]_a^b=F(b)-F(a)$

2 基本的な関数の不定積分　(C は積分定数)

(1) $\int x^\alpha\,dx=\frac{1}{\alpha+1}x^{\alpha+1}+C$　$(\alpha\neq-1)$

$\int\frac{1}{x}\,dx=\log|x|+C$

(2) $\int\sin x\,dx=-\cos x+C$

$\int\cos x\,dx=\sin x+C$

$\int\frac{1}{\cos^2x}\,dx=\tan x+C$

(3) $\int e^x\,dx=e^x+C$　　$\int a^x\,dx=\frac{a^x}{\log a}+C$

3 定積分の基本的性質　$k,\ l$ は定数とする。

[1] $\int_a^b kf(x)\,dx=k\int_a^b f(x)\,dx$

[2] $\int_a^b\{f(x)\pm g(x)\}\,dx=\int_a^b f(x)\,dx\pm\int_a^b g(x)\,dx$

[3] $\int_a^b\{kf(x)+lg(x)\}\,dx=k\int_a^b f(x)\,dx+l\int_a^b g(x)\,dx$

[4] $\int_b^a f(x)\,dx=-\int_a^b f(x)\,dx$　とくに $\int_a^a f(x)\,dx=0$

[5] $\int_a^b f(x)\,dx=\int_a^c f(x)\,dx+\int_c^b f(x)\,dx$

[6] $f(x)$ が偶関数のとき $\int_{-a}^a f(x)\,dx=2\int_0^a f(x)\,dx$

$f(x)$ が奇関数のとき $\int_{-a}^a f(x)\,dx=0$